この本の特色としくみ

本書は,中学3年のすべての内容を3段階のレベルに分け,それらをステップ式で学習できる問題集です。各単元は,Step1(基本問題)とStep2(標準問題)の順になっていて,章末にはStep3(実力問題)があります。また,巻頭には「1・2年の復習」を,巻末には「総仕上げテスト」を設けているため,復習と入試対策にも役立ちます。

重要点をつかもう
問題を解く上で必要な重要項目を簡潔にまとめています。まずはここを読んで理解しましょう。

くわしく
より深く理解するために参考となる内容をまとめています。

確認
前学年で習った内容や「重要点をつかもう」の補足説明などです。

注意
間違ってしまわないように気をつけましょう。

覚える
覚えておかないといけない重要事項や公式などです。

もくじ

本書に関する最新情報は,小社ホームページにある**本書の「サポート情報」**をご覧ください。(開設していない場合もございます。)
なお,この本の内容についての責任は小社にあり,内容に関するご質問は直接小社におよせください。

⬛1 正負の数

解答▶別冊 1 ページ

1 次の計算をしなさい。

(1) $5-7$ 〔北海道〕

(2) $1+(-8)-6$ 〔山 形〕

(3) $\left(-\dfrac{5}{6}\right)+\dfrac{2}{9}$ 〔愛 媛〕

(4) $\dfrac{4}{3}-\dfrac{3}{4}-\dfrac{2}{5}-\dfrac{1}{6}$ 〔上宮高〕

2 次の計算をしなさい。

(1) $(-5)\times(-4)$ 〔兵 庫〕

(2) $6\div\left(-\dfrac{2}{3}\right)$ 〔福 島〕

(3) $(-4)^2\times(-3)$ 〔群 馬〕

(4) $(-4)^2\times2\div4$ 〔洛陽総合高〕

3 次の計算をしなさい。

(1) $6-2\times(-5)$ 〔宮 城〕

(2) $2\times6-3\times5$ 〔秋 田〕

(3) $13-(-2)^3\times7$ 〔青 森〕

(4) $(-3)^2-12\div\dfrac{3}{2}$ 〔香 川〕

重要 **4** 次の計算をしなさい。

(1) $\left(\dfrac{2}{3}\right)^3-2^2\times\dfrac{7}{9}\times\left(-\dfrac{1}{3}\right)$ 〔國學院大久我山高〕

(2) $(-2)^3\div\left(\dfrac{3}{5}-\dfrac{1}{3}\right)$ 〔国立高専〕

(3) $\dfrac{1}{6}\times\left(-\dfrac{3}{2}\right)^2-\dfrac{3}{4}$ 〔大 阪〕

(4) $\left(\dfrac{3}{4}\right)^2\div\left(-\dfrac{1}{8}\right)-\dfrac{16}{9}\div\left(-\dfrac{2}{3}\right)^3$ 〔仁川学院高〕

5 次の計算をしなさい。

(1) $\dfrac{-(-1)^2}{5}-\dfrac{10}{3^3}\div\left\{-\left(\dfrac{5}{9}\right)^2\right\}+0.875\times\left(-\dfrac{16}{7}\right)$ 〔東邦大付属東邦高〕

(2) $\left(-\dfrac{1}{4}\right)^3\div0.25^4+\dfrac{4}{3}\times0.25\div\left(-\dfrac{1}{3}\right)^2$ 〔開明高〕

6 次の問いに答えなさい。

(1) $5,\ -0.8,\ -\dfrac{1}{5},\ 0,\ \dfrac{14}{3}$ を小さい順に並べなさい。

(2) 絶対値が $\dfrac{13}{3}$ 以下である整数の個数を求めなさい。 〔神戸龍谷高〕

(3) 絶対値が 7.5 より大きい負の整数の中で，いちばん大きい数を求めなさい。 〔大阪産業大附高〕

(4) $(-0.2)^2,\ -0.2^2,\ 0,\ 0.2$ のうち，最大の数を答えなさい。 〔京都西山高〕

(5) 面積が $324\ \mathrm{cm}^2$ である正方形の 1 辺の長さを，素因数分解を利用して求めなさい。

7 右の表は，A，B，C，D の 4 人の生徒の
ソフトボール投げの記録を基準の 25 m と
比べ，その違いを正負の数で表したもので
ある。この 4 人の記録の平均を求めなさい。

生徒	A	B	C	D
違い(m)	−6.3	2.8	−1.1	0.6

2 式 の 計 算

解答▶別冊1ページ

1 次の計算をしなさい。

(1) $-3x+8x-6x$

(2) $3a-4+5-2a$

(3) $\dfrac{2}{3}x+\dfrac{3}{4}x$

(4) $-\dfrac{3}{5}a+\dfrac{5}{9}+\dfrac{1}{6}a-\dfrac{5}{6}$

2 次の計算をしなさい。

(1) $(7a+b)-5(a-2b)$ 〔和歌山〕

(2) $3(x-2y)-4(2x-3y)$ 〔愛媛〕

(3) $3(2a-3b)-(a-5b)$ 〔大分〕

(4) $-7(a+2b)+2(3a-b)$ 〔三重〕

3 次の計算をしなさい。 重要

(1) $\dfrac{x+y}{2}-\dfrac{x-6y}{7}$ 〔静岡〕

(2) $\dfrac{5x-3y}{3}-\dfrac{3x-7y}{4}$ 〔京都〕

(3) $2x-y-\dfrac{x-2y}{3}$ 〔近畿大附高〕

(4) $\dfrac{3x+y}{2}-y-\dfrac{2x+5y}{3}$ 〔法政大高〕

4 次の計算をしなさい。 重要

(1) $x^2\times x^3\div x^4$

(2) $9a\div(6ab)^2\times 8ab^3$ 〔熊本〕

(3) $6x^2\times(-3y)^2\div(-2xy)$ 〔山形〕

(4) $(-3x^2y^2)\times 5x^2y\div\left(-\dfrac{3}{5}x^3y^2\right)$

重要 **5** 次の式の値を求めなさい。

(1) $a=-4$ のとき，$1-2a$ の値 〔香川〕

(2) $a=2$，$b=\dfrac{1}{3}$ のとき，$5(2a+b)-(5a-b)$ の値 〔山口〕

(3) $a=2$，$b=-4$ のとき，$4a^2b\times(-2b)\div(-4ab)$ の値

6 次の等式を〔 〕内の文字について解きなさい。

(1) $V=abc$ 〔a〕

(2) $3x+2y=-5$ 〔y〕

(3) $S=\dfrac{(a+b)h}{2}$ 〔b〕

(4) $\dfrac{a+b}{3}=\dfrac{2a-b}{2}$ 〔b〕 〔国立高専〕

7 次の問いに答えなさい。

(1) 3つの連続した偶数の和は6の倍数になる。このことを，文字を使って説明しなさい。

(2) 2けたの自然数に，その数の十の位の数から一の位の数をひいた差を加えると，11の倍数になる。このことを，文字を使って説明しなさい。

1・2年の復習

第1章

第2章

第3章

第4章

第5章

第6章

第7章

第8章

総仕上げテスト

3 方 程 式

解答▶別冊2ページ

重要 1 次の方程式を解きなさい。

(1) $5 - 3x = 11$

(2) $6x + 4 = 3x + 5$ 〔熊本〕

(3) $3x - 2(3x + 5) = 11$

(4) $2x - 5 = 3(2x + 1)$ 〔高知〕

(5) $0.5x + 0.2 = x - 0.3$

(6) $0.2(x - 2) = x + 1.2$ 〔千葉〕

重要 2 次の方程式を解きなさい。

(1) $\dfrac{4x + 5}{3} = x$ 〔秋田〕

(2) $\dfrac{5}{6}x + \dfrac{2}{3} = \dfrac{1}{3}x + \dfrac{25}{6}$

(3) $\dfrac{x - 4}{3} + \dfrac{7 - x}{2} = 5$ 〔京都〕

(4) $\dfrac{3x + 9}{4} = -x - 10$ 〔大阪〕

3 次の比例式で，x の値を求めなさい。

(1) $x : 14 = 3 : 7$

(2) $3 : 5 = (x - 3) : 15$

(3) $(x - 4) : 3 = x : 5$ 〔青森〕

(4) $15 : (x - 2) = 3 : 2$ 〔茨城〕

4 次の問いに答えなさい。

(1) x についての方程式 $2x-3a=-5$ の解が $x=2$ であるとき，a の値を求めなさい。

(2) x についての方程式 $2x-3(ax+2)=-3$ の解が $x=-2$ であるとき，a の値を求めなさい。

5 1個150円のりんごと1個50円のみかんを合わせて10個買って，120円のかごにつめてもらったところ，代金の合計が1320円だった。りんごとみかんをそれぞれ何個買いましたか。

重要 6 子どもにあめを配るのに，1人に15個ずつ配ると34個不足し，1人に13個ずつ配ると36個余る。子どもの人数とあめの個数を求めなさい。

重要 7 家から1800m離れた学校まで行くのに，最初は分速240mで自転車で走ったが，途中でパンクしたので分速60mでおして歩いたら学校まで15分かかった。パンクした場所は家から何mの地点ですか。

8 100gの水に，濃度1％の食塩水50gと濃度4％の食塩水を何gか加えたところ，2％の食塩水ができた。濃度4％の食塩水を何g加えましたか。

〔京都市立西京高〕

4 連 立 方 程 式

解答▶別冊3ページ

1 次の連立方程式を解きなさい。

(1) $\begin{cases} 3x - 4y = 10 \\ 2x + 3y = 18 \end{cases}$ 〔愛 知〕

(2) $\begin{cases} 9x - 2y = 25 \\ 2x - y = 10 \end{cases}$ 〔秋 田〕

(3) $\begin{cases} 2x + y = 4 \\ 4x - 3y = 18 \end{cases}$ 〔群 馬〕

(4) $\begin{cases} x + 3y = 4 \\ 2x + 5y = 6 \end{cases}$ 〔埼 玉〕

重要 2 次の連立方程式を解きなさい。

(1) $\begin{cases} x + \dfrac{1}{2}y = \dfrac{1}{3} \\ \dfrac{1}{2}x + \dfrac{1}{3}y = 1 \end{cases}$

(2) $\begin{cases} 0.7(x+2) - 0.3(y-9) = 10 \\ \dfrac{1}{2}x + \dfrac{2}{3}y = -\dfrac{17}{6} \end{cases}$ 〔関西学院高〕

(3) $\begin{cases} x + 2y - \dfrac{x+7y}{6} = 10 \\ -3x + y = -8 \end{cases}$

(4) $\begin{cases} x + y = 1 \\ \dfrac{x-4}{2} + \dfrac{y+1}{4} = -2 \end{cases}$ 〔青雲高〕

3 次の連立方程式を解きなさい。

(1) $4x + y = x + \dfrac{1}{2}y = 2x - y - 5$ 〔成蹊高〕

(2) $\begin{cases} (x-2) : (y+3) = 3 : 2 \\ 4x - 7y = 67 \end{cases}$ 〔青雲高〕

4 次の問いに答えなさい。

(1) x, y についての連立方程式 $\begin{cases} ax - y = 19 \\ ax + by = 7 \end{cases}$ の解が，$x = 5$, $y = -4$ であるとき，a と b の値をそれぞれ求めなさい。 〔佐 賀〕

(2) x, y についての連立方程式 $\begin{cases} 5x - 8y = -1 \\ x - ay = -2 \end{cases}$ の解の比が $x : y = 2 : 3$ であるとき，定数 a の値を求めなさい。 〔東京工業大附属科学技術高〕

重要 5 次の問いに答えなさい。

(1) A，B の重さの和が 300 g である。A を 10 ％増し，B を 5 ％減らしたところ，全体の重さが 5 ％増加した。A のはじめの重さはいくらですか。 〔近畿大附高〕

(2) 兄と妹の 2 人がそれぞれ最初に持っていた本の冊数の合計は 190 冊である。その後，兄が 5 冊，妹が 3 冊買ったら，兄の持っている本の冊数が妹の持っている本の冊数の 2 倍になった。兄と妹が最初に持っていた本はそれぞれ何冊か，求めなさい。 〔新 潟〕

難問 (3) 時速 90 km で走っている 8 両編成の上りの列車と，時速 72 km で走っている 12 両編成の下りの列車が，あるトンネルの両側から同時に入った。上りの列車がトンネルに入り始めて，完全に通り抜けるまでに 42 秒かかり，その 16 秒後に下りの列車がトンネルを完全に通り抜けた。車両 1 両の長さを x m，トンネルの長さを y m として，x と y の値をそれぞれ求めなさい。ただし，車両 1 両の長さはすべて同じ長さとする。 〔智辯学園高－改〕

1・2年の復習

第1章
第2章
第3章
第4章
第5章
第6章
第7章
第8章
総仕上げテスト

9

5 比例と反比例

解答▶別冊 5 ページ

1 次の**ア〜エ**のうち，y が x に比例するものはどれか。1 つ選び，記号で答えなさい。〔大 阪〕

　ア 縦の長さが x cm，横の長さが 10 cm である長方形の周の長さ y cm

　イ 1 辺の長さが x cm である正方形の面積 y cm²

　ウ 面積が 20 cm² である直角二等辺三角形の直角をはさむ辺の長さ x cm と y cm

　エ 1 辺の長さが x cm である正三角形の周の長さ y cm

重要 **2** 次の問いに答えなさい。

(1) y は x に比例し，$x=3$ のとき $y=12$ である。このとき，y を x の式で表しなさい。〔長 崎〕

(2) y は x に比例し，$x=3$ のとき $y=-6$ である。$x=-5$ のとき，y の値を求めなさい。〔北海道〕

(3) y は x に反比例し，$x=-3$ のとき $y=-5$ である。このとき，y を x の式で表しなさい。

〔岩 手〕

(4) y は x に反比例し，$x=4$ のとき $y=-4$ である。$x=2$ のとき，y の値を求めなさい。

〔兵 庫〕

(5) 右の図は，y が x に比例する関数のグラフである。
　 y を x の式で表しなさい。〔栃 木〕

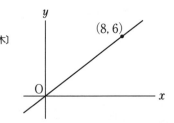

(6) 下の表は，y が x に反比例する関係を表したものである。表の □ にあてはまる数を求めなさい。〔広 島〕

x	⋯⋯	3	⋯⋯	6	⋯⋯	9	⋯⋯
y	⋯⋯	-6	⋯⋯	□	⋯⋯	-2	⋯⋯

3 関数 $y = \dfrac{4}{x}$ の x の値とそれに対応する y の値について述べた文として正しいものを，次の **ア〜エ** から1つ選び，その記号を書きなさい。 〔高 知〕

　ア x の値と y の値の和は，いつも4である。

　イ y の値から x の値をひいた差は，いつも4である。

　ウ x の値と y の値の積は，いつも4である。

　エ x が0でないとき，y の値を x の値でわった商は，いつも4である。

4 関数 $y = \dfrac{12}{x}$ についていえることを，次の **ア〜オ** の中からすべて選び，記号を書きなさい。 〔佐 賀〕

　ア y は x に比例する。

　イ y は x に反比例する。

　ウ グラフは，y 軸を対称の軸として線対称である。

　エ グラフは，原点を通る直線である。

　オ グラフは，双曲線である。

重要 5 右の図は，点 $(2, 4)$ を通る反比例のグラフである。

(1) y を x の式で表しなさい。

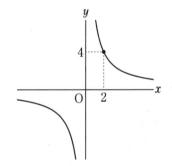

(2) このグラフ上の点で，x 座標，y 座標がともに整数である点は，点 $(2, 4)$ を含めて全部で何個ありますか。

6 右の図で，①は比例の関係を表すグラフ，②は反比例の関係を表すグラフである。点 A は①と②の交点で，x 座標は6，点 B は②上の点で，その座標は $(3, 8)$ である。

(1) グラフ①，②の式をそれぞれ求めなさい。

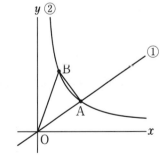

(2) △OAB の面積を求めなさい。

1・2年の復習

第1章
第2章
第3章
第4章
第5章
第6章
第7章
第8章
総仕上げテスト

6 1 次 関 数

解答▶別冊5ページ

重要 ❶ 次の問いに答えなさい。

(1) y は x の1次関数で，そのグラフが点 $(2, 1)$ を通り，傾きが3の直線であるとき，この1次関数の式を求めなさい。　〔佐賀〕

(2) 1次関数 $y = 3x + 1$ について，x の増加量が2のときの y の増加量を求めなさい。　〔徳島〕

(3) x 軸に平行で，点 $(3, 2)$ を通る直線の式を求めなさい。　〔徳島〕

(4) 方程式 $2x + 3y + 6 = 0$ のグラフを右の図にかきなさい。　〔京都〕

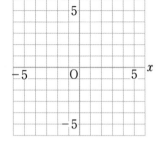

(5) 1次関数 $y = -\dfrac{1}{5}x + 1$ について，x の変域が $-5 \leqq x \leqq 10$ のときの y の変域を求めなさい。

〔福島〕

❷ 水が120L入った水そうから，水がなくなるまで一定の割合で水を抜く。水を抜き始めてから8分後の水そうの水の量は100Lであった。右の図は，水を抜き始めてから x 分後の水そうの水の量を y L として，x と y の関係をグラフに表したものである。

〔群馬〕

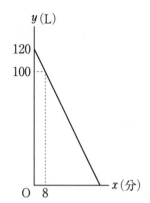

(1) 毎分何Lの割合で水を抜いていますか。

(2) y を x の式で表しなさい。

(3) 水そうの水がなくなるのは，水を抜き始めてから何分後ですか。

3 Aさんの家から博物館までの道のりが2700mの道路があり，その途中に郵便局がある。Aさんは家を出発し，毎分60mの速さで18分歩いた後，毎分180mの速さで9分間走って博物館に到着した。右の図は，Aさんが家を出発してからx分後の，Aさんがいる地点と家との間の道のりをymとして，xとyの関係をグラフに表したものである。〔京 都〕

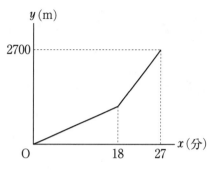

(1) $x=18$ のときのyの値を求めなさい。また，$18 \leqq x \leqq 27$ のときのyをxの式で表しなさい。

(2) Aさんの弟は，Aさんが家を出発してから17分後に自転車で家を出発し，Aさんと同じ道を通り，一定の速さで博物館に向かった。弟はAさんが郵便局の前を通過してから2分後に郵便局の前を通過し，Aさんと同時に博物館に到着した。家から郵便局の前までの道のりは何mですか。

重要 **4** 右の図で，直線ℓは関数 $y=\dfrac{1}{3}x+5$ のグラフ，直線mは関数 $y=2x$ のグラフ，直線nは関数 $y=-\dfrac{4}{3}x$ のグラフである。直線ℓと直線mは点Aで，直線ℓと直線nは点Bでそれぞれ交わっている。また，点Cは直線ℓとy軸との交点である。

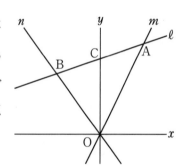

(1) 点A，点Bの座標をそれぞれ求めなさい。

(2) △OABの面積を求めなさい。

(3) 点Aを通って，△OABの面積を2等分する直線の式を求めなさい。

(4) x軸上の $x<0$ の部分に点Pをとって，△ABOと△APOの面積が等しくなるようにしたい。このような点Pのx座標を求めなさい。

7 平面図形

(作図には定規とコンパスを用い，作図に用いた線は消さないでおくこと。)

解答▶別冊6ページ

重要 1 次の問いに答えなさい。ただし，円周率はπとする。

(1) 右の図のように，半径3cm，中心角120°のおうぎ形OABがある。このおうぎ形の面積を求めなさい。　〔北海道〕

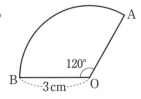

(2) 右の図のような，半径9cm，中心角60°のおうぎ形OABがある。このおうぎ形の弧の長さを求めなさい。　〔栃木〕

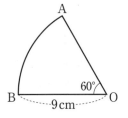

(3) 右の図は，半径が4cm，弧の長さが $\dfrac{6}{5}\pi$ cmのおうぎ形である。∠x の大きさは何度ですか。　〔鹿児島〕

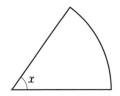

(4) 右の図のように，1辺が14cmの正方形ABCDがある。辺AB上に AO=6cm となる点Oをとり，点Oを中心として半径10cmの円をかく。この円と辺AD，BCとの交点をそれぞれE，Fとする。色のついた部分の面積を求めなさい。　〔埼玉－改〕

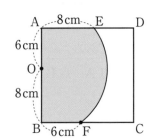

2 下の図のように，半径が1cmで中心角が90°のおうぎ形OABがある。このおうぎ形を，直線ℓ上をすべらないように回転させながら，⑦の位置から④の位置まで移動させる。このとき，点Oがえがいた線全体の長さを求めなさい。ただし，円周率はπとする。　〔山 梨〕

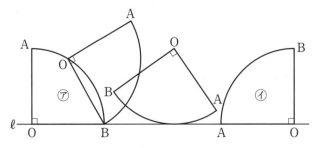

3 右の図の円の中心 O を，作図しなさい。

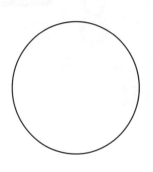

重要 **4** 右の図のように，線分 AB と半直線 AC がある。AB の垂直二等分線上にあって，AB，AC までの距離が等しい点 P を，作図によって求めなさい。　　　　　　　　　　　〔福島〕

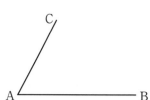

5 右の図のように，点 P と線分 AB がある。点 P を通り，線分 AB に平行な直線を作図しなさい。　　　　　　　　　　　〔秋田〕

重要 **6** 右の図のように，△ABC の辺 AC 上に点 D がある。頂点 B が点 D と重なるように △ABC を折ったときの，折り目の線分を作図しなさい。　　　　　　　　　　　〔富山〕

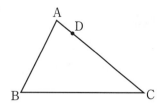

7 右の図のように，直線 ℓ 上に点 P がある。中心が直線 m 上にあり，直線 ℓ に点 P で接する円 O を作図しなさい。ただし，円の中心を表す文字 O も書きなさい。　　　　〔長野〕

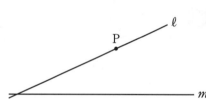

1・2年の復習

第1章

第2章

第3章

第4章

第5章

第6章

第7章

第8章

総仕上げテスト

8 空 間 図 形

解答▶別冊7ページ

重要 **1** 右の図は，1辺が6cmの立方体 ABCD–EFGH である。この立方体を3点 B，D，E を通る平面で2つの立体に分ける。

(1) 大きいほうの立体の体積と小さいほうの立体の体積の比を最も簡単な整数で表しなさい。

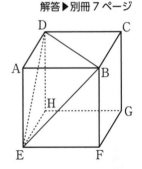

(2) 2つの立体の表面積の差を求めなさい。

2 右の図のように，1辺が6cmの立方体の中に，直径が立方体の1辺の長さと等しい球が入っている。ただし，円周率は π とする。

(1) 球の体積は立方体の体積の何倍ですか。

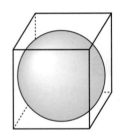

(2) 球の表面積は立方体の表面積の何倍ですか。

3 右の図のような半径9cmの半球がある。この半球と等しい体積の円錐について考える。円錐の底面の半径が9cmであるとき，円錐の高さは何cmですか。ただし，円周率は π とする。〔滋 賀〕

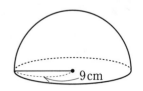

9cm

重要 **4** 右の図は，底辺5cm，高さ6cmの直角三角形である。この直角三角形を，直線ℓを軸として1回転させてできる立体の体積を求めなさい。ただし，円周率は π とする。〔富 山〕

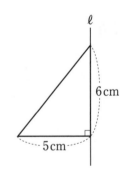

ℓ

6cm

5cm

1・2年の復習

第1章

第2章

第3章

第4章

第5章

第6章

第7章

第8章

総仕上げテスト

5 次の問いに答えなさい。ただし，円周率は π とする。

(1) 右の図は，円柱の投影図である。この円柱の体積を求めなさい。

〔新 潟〕

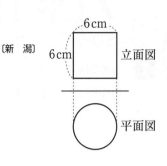

(2) 右の図で，四角形 ABCD は，AB＝7 cm，BC＝4 cm の長方形である。この長方形を辺 AB を軸として 1 回転させてできる立体の表面積を求めなさい。
〔秋 田〕

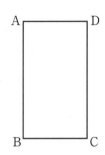

重要 (3) 右の図のように，円錐の展開図があり，側面になるおうぎ形の中心角は 120° である。この展開図を組み立てたときにできる円錐の母線の長さが 4 cm のとき，底面の円周の長さを求めなさい。
〔秋 田〕

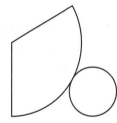

(4) 右の図は，正二十面体をある方向から見た図である。正二十面体の頂点の数，辺の数を求めなさい。
〔明星高(大阪)〕

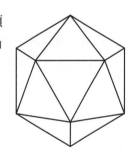

重要 (5) 半径が 6 cm，高さが 20 cm の円柱の形をした容器に，高さが 12 cm のところまで水が入っている。この中に半径が 3 cm の鉄球を 4 個入れたとき，水面の高さは何 cm になりますか。

〔京都光華高〕

9 平行と合同

解答▶別冊8ページ

重要 **1** 次の問いに答えなさい。

(1) 右の図で，∠x の大きさを求めなさい。

〔和歌山〕

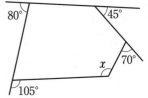

(2) 右の図において，$\ell /\!/ m$ のとき，∠x の大きさを求めなさい。

〔鳥取〕

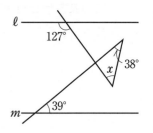

(3) 右の図の △ABC において，∠A の二等分線と ∠C の二等分線の交点を D とする。∠ABC＝40° のとき，∠x の大きさを求めなさい。

〔沖縄〕

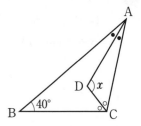

(4) 右の図において，$\ell /\!/ m$，正五角形 ABCDE の頂点 A は ℓ 上，頂点 C は m 上にあるとき，∠x の大きさを求めなさい。　〔大阪信愛学院高〕

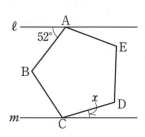

(5) 右の図で，色のついた部分の角度の和を求めなさい。　〔甲子園学院高〕

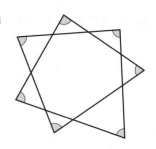

2 右の図のように，長方形 ABCD がある。この長方形 ABCD を対角線 AC を折り目として折り返したとき，点 B が移動した点を E，辺 AD と線分 CE の交点を F とする。このとき，△AEF≡△CDF を証明しなさい。 〔長崎－改〕

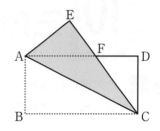

重要 3 右の図で，四角形 ABCD と四角形 AEFG はともに正方形であり，点 E は辺 BC の延長線上にある。このとき，△ABE≡△ADG であることを証明しなさい。 〔岐阜－改〕

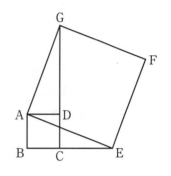

4 右の図で，正方形 AEFG は，正方形 ABCD を頂点 A を回転の中心として，時計の針の回転と同じ向きに回転移動させたものである。また，P，Q はそれぞれ線分 DE と辺 AG，AB との交点である。このとき，AP＝AQ となることを証明しなさい。 〔愛知－改〕

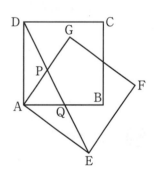

重要 5 右の図のように，線分 AB 上に点 C をとり，AC，CB をそれぞれ 1 辺とする正三角形△ACD と△CBE を AB の同じ側につくる。このとき，△ACE≡△DCB を証明しなさい。 〔長野－改〕

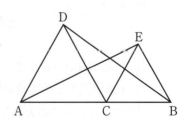

10 三角形と四角形

解答▶別冊9ページ

重要 **1** 次の問いに答えなさい。

(1) 右の図で，四角形 ABCD はひし形，四角形 AEFD は正方形である。∠ABC＝48° のとき，∠CFE の大きさを求めなさい。　〔愛 知〕

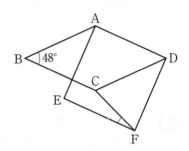

(2) 右の図のように，平行四辺形 ABCD の辺 BC 上に，AB＝AE となるように点 E をとる。∠BCD＝115° のとき，∠x の大きさを求めなさい。　〔大 分〕

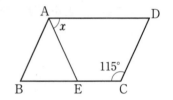

(3) 右の図で，AB＝AC，∠ACD＝∠BCD のとき，∠x，∠y の大きさをそれぞれ求めなさい。　〔花園高〕

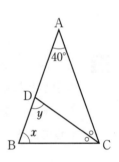

2 次の条件 (ア) ～ (エ) に最も適するものを①～⑩から選びなさい。　〔奈良女子高〕

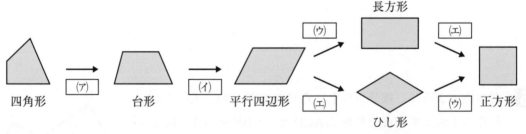

① 1組の向かい合う辺が平行である。　② 3組の辺がそれぞれ等しい。

③ 1組の辺とその両端の角がそれぞれ等しい。　④ 斜辺と他の1辺がそれぞれ等しい。

⑤ となり合う角の大きさが等しい。　⑥ 斜辺と1つの鋭角がそれぞれ等しい。

⑦ 2組の向かい合う辺がそれぞれ平行である。　⑧ となり合う辺の長さが等しい。

⑨ 2組の角がそれぞれ等しい。　⑩ 2組の辺の比とその間の角がそれぞれ等しい。

重要 ⚐ 3 右の図のような，∠A が鋭角で，AB＝AC の二等辺三角形 ABC がある。辺 AB, AC 上に ∠ADC＝∠AEB＝90° となるようにそれぞれ点 D，E をとる。このとき，AD＝AE であることを証明しなさい。 〔栃 木〕

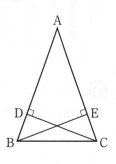

4 右の図において，四角形 ABCD は平行四辺形である。点 E は点 A から辺 BC にひいた垂線と BC との交点である。また，点 F は ∠BCD の二等分線と辺 AD との交点であり，点 G は点 F から辺 CD にひいた垂線と CD との交点である。このとき，AE＝FG であることを証明しなさい。

〔福 島〕

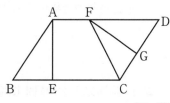

重要 ⚐ 5 右の図は，∠ABC が鋭角の平行四辺形 ABCD で，2 辺 AD, BC の中点をそれぞれ E, F とし，∠AFB は鋭角である。点 B を通り辺 BC に垂直な直線と直線 AF との交点を G とし，点 E を通り辺 AD に垂直な直線と直線 AF との交点を H とする。このとき，GF＝HA であることを証明しなさい。 〔岩 手〕

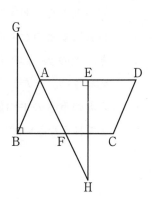

難問 ⚐ 6 右の図のように，AD∥BC，AC＝DB である四角形 ABCD がある。辺 BC を C のほうに延長した直線上に AC∥DE となる点 E をとる。このとき，AB＝DC であることを証明しなさい。

〔茨城－改〕

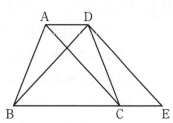

データの整理

解答▶別冊10ページ

重要 **1** 右の表は，あるクラスの生徒35人それぞれについて，1か月間の読書時間の合計を調べ，その結果を度数分布表に整理したものである。次の問いに答えなさい。　〔宮城〕

(1) このクラスの生徒35人を1か月間の読書時間の合計の多い順に並べると，多いほうから10番目にくる生徒は，右の度数分布表のどの階級に入るか答えなさい。

階級（時間）	度数（人）
以上　　未満 0 ～ 5	1
5 ～ 10	4
10 ～ 15	6
15 ～ 20	9
20 ～ 25	7
25 ～ 30	5
30 ～ 35	3
計	35

(2) 15時間以上20時間未満の階級の相対度数を，小数第3位を四捨五入して求めなさい。

2 右の表は，ある家庭で購入した卵20個の重さを1個ずつはかり，度数分布表にまとめたものである。このとき，表の x，y の値を，それぞれ答えなさい。また，この度数分布表から卵の重さの平均値を，小数第1位まで答えなさい。　〔新潟〕

階級（g）	階級値（g）	度数（個）	（階級値）×（度数）
以上　　未満 52 ～ 54	x	2	106
54 ～ 56	55	4	220
56 ～ 58	57	4	228
58 ～ 60	59	3	177
60 ～ 62	61	5	y
62 ～ 64	63	2	126
計		20	1162

記述式 **3** 太郎さんのクラス40人全員について，ある期間に図書室から借りた本の冊数を調べた。右の図は，調べた結果をヒストグラムに表したものである。10冊以上の本を借りた人数がクラスの8割以上であるかどうか，そう判断した理由とあわせて書きなさい。　〔石川〕

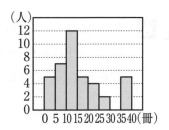

重要 **4** 右の度数分布表は，あるサッカーチームが行った試合の得点の記録をまとめたものである。この表から試合の得点の最頻値と平均値をそれぞれ求めなさい。　　　　　〔秋田〕

階級（点）	度数（試合）
0	1
1	5
2	2
3	2
4	6
5	3
6	1
計	20

5 ある授業で，10 点満点の小テストをした。得点とその得点をとった人数は，次の表のようになり，この小テストでのすべての生徒の得点の合計は 120 点であった。ただし x, y は自然数である。

〔岡山県立岡山朝日高〕

得点（点）	0	1	2	3	4	5	6	7	8	9	10
人数（人）	0	0	1	x	3	2	y	2	3	2	1

(1) x を y を用いて表すと，$x=$ □ である。□に適当な式を書き入れなさい。

記述式 (2) この小テストの得点の最頻値は 6 点であった。このとき，x, y の値を求めなさい。求める過程も書きなさい。

6 次の箱ひげ図は，ある学年 110 人の数学と英語のテストの結果を表したものである。どのようなことがわかるか，正しいものを**ア〜オ**からすべて選び，記号で答えなさい。

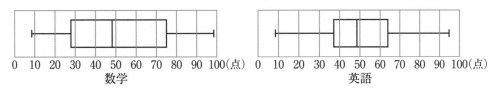

数学　　　　　　　　　　英語

ア 数学も英語も 50 点以上とった人数は 55 人以下である。

イ 英語のほうがデータのちらばりの程度が大きい。

ウ 第 1 四分位数は数学のほうが高い。

エ 70 点以上をとった生徒は数学のほうが多い。

オ 四分位範囲は数学も英語も 40 点以上である。

確　率

【　　月　　日】

解答▶別冊10ページ

重要 **1** 次の問いに答えなさい。

(1) 大小2つのさいころを同時に投げたとき，出た目の数の積が9の倍数になる確率を求めなさい。
〔新　潟〕

(2) 大小2つのさいころがある。大きいさいころを投げて出た目の数をa，小さいさいころを投げて出た目の数をbとする。この2つのさいころを1回投げるとき，$a>b$となる確率を求めなさい。
〔宮　城〕

(3) 大小2つのさいころを同時に投げ，異なる目が出た場合は，出た目の数の大きいほうを得点とし，2つとも同じ目が出た場合は，出た目の数の和を得点とする。これらのさいころを1回投げたとき，得点が4点となる確率を求めなさい。
〔栃　木〕

(4) 大小2つのさいころを同時に投げるとき，大きいさいころの出た目の数をx，小さいさいころの出た目の数をyとして，(x, y)を座標とする点Pをつくる。このとき，点Pが$y=\dfrac{6}{x}$のグラフ上にある確率を求めなさい。
〔青　森〕

(5) 大小1つずつのさいころを同時に1回投げる。大きいさいころの出た目の数をa，小さいさいころの出た目の数をbとするとき，$3a+2b$の値が6の倍数になる確率を求めなさい。

1・2年の復習

第1章

第2章

第3章

第4章

第5章

第6章

第7章

第8章

総仕上げテスト

重要 **2** 次の問いに答えなさい。

(1) 1, 2, 3, 4, 5 の数字を 1 つずつ記入した 5 枚のカードがある。このカードをよくきってから 1 枚ずつ 2 回続けてひき，ひいた順に左から並べて 2 けたの整数をつくる。このとき，できた 2 けたの整数が 4 の倍数である確率を求めなさい。 〔群 馬〕

(2) 右の図のように，1 から 5 までの数字が 1 つずつ書かれた 5 枚の
カードがある。この 5 枚のカードをよくきって 1 枚取り出し，

| 1 | 2 | 3 | 4 | 5 |

カードの数字を調べてからもとに戻す。次に，もう一度，5 枚のカードをよくきって 1 枚取り出し，カードの数字を調べる。はじめに取り出したカードの数字を a, 次に取り出したカードの数字を b として，$\dfrac{b}{a}$ の値が整数となる確率を求めなさい。 〔埼 玉〕

(3) 1, 2, 3 の数字が 1 つずつ書かれた 3 枚のカード 1 2 3 がある。この 3 枚のカードをよくきって 1 枚取り出し，書かれた数字を調べてもとに戻すことを 3 回繰り返す。それぞれ取り出したカードの数字が偶数ならば 2 点，奇数ならば 1 点の得点が入るとき，得点の合計が 4 点となる確率を求めなさい。 〔和歌山〕

3 次の問いに答えなさい。

(1) 3 枚の硬貨 A, B, C を同時に投げるとき，1 枚が表で，2 枚が裏になる確率を求めなさい。 〔北海道〕

(2) A, B, C の 3 人の女子と，D, E の 2 人の男子がいる。この 5 人の中から，くじびきで 2 人を選ぶとき，女子 1 人，男子 1 人が選ばれる確率を求めなさい。 〔岩 手〕

(3) 袋の中に，赤玉が 3 個，白玉が 2 個，合わせて 5 個の玉が入っている。この袋の中から同時に 2 個の玉を取り出すとき，少なくとも 1 個は白玉である確率を求めなさい。 〔東 京〕

多項式の計算

重要点をつかもう

1 式の展開

単項式や多項式の積の形の式を，かっこをはずして単項式の和の形に表すことを，もとの式を**展開する**という。

多項式×多項式……$(a+b)(c+d)=ac+ad+bc+bd$

2 乗法公式

①$(x+a)(x+b)=x^2+(a+b)x+ab$　…1次式の積

――和――
――積――

②$(x+a)^2=x^2+2ax+a^2$　…和の平方
$(x-a)^2=x^2-2ax+a^2$　…差の平方
――2倍する――
――2乗する――

③$(x+a)(x-a)=x^2-a^2$　…和と差の積
――平方の差――

Step 1 基本問題

解答▶別冊11ページ

1 ［多項式×単項式，単項式×多項式］次の計算をしなさい。

(1) $3a(a+4b)$

(2) $(3x-7y)×5x$

(3) $-2b(6a-b\ )$

(4) $(5a+2b-1)×(-4a)$

(5) $6x(x-2y+3)$

(6) $(2m-4n+3)×(-8m)$

重要 **2** ［多項式÷単項式］次の計算をしなさい。

(1) $(3a^2+5a)÷a$

(2) $(12a^2+3ab)÷3a$

(3) $(12a^2-16a)÷(-4a)$

(4) $(6x^2-4xy)÷(-2x)$

Guide

確認 単項式と多項式

▶**単項式**…$2a$，$3x^2$ などのように，数や文字の乗法だけでつくられた式

▶**多項式**…$a+4b$ のように，単項式の和の形で表された式

確認 多項式と単項式の乗除

分配法則を使ってかっこをはずす。

▶**単項式×多項式**
$a(b+c)$
$=ab+ac$

▶**多項式÷単項式**
$(a+b)÷c$
$=\dfrac{a}{c}+\dfrac{b}{c}$

3 [式の展開] 次の式を展開しなさい。

(1) $(x+2)(y+5)$　　　　(2) $(a-3)(b+6)$

(3) $(a-b)(c-d)$　　　　(4) $(x+3)(x+4)$

重要 **4** [$(x+a)(x+b)$ の展開] 次の式を展開しなさい。

(1) $(x+2)(x+3)$　　　　(2) $(x-3)(x-5)$

(3) $(x+6)(x-2)$　　　　(4) $\left(a-\dfrac{1}{2}\right)\left(a-\dfrac{3}{2}\right)$

重要 **5** [$(x\pm a)^2$ の展開] 次の式を展開しなさい。

(1) $(x+2)^2$　　　　(2) $(a-8)^2$

(3) $\left(x+\dfrac{1}{3}\right)^2$　　　　(4) $\left(a-\dfrac{2}{3}\right)^2$

重要 **6** [$(x+a)(x-a)$ の展開] 次の式を展開しなさい。

(1) $(x+3)(x-3)$　　　　(2) $(x-7)(x+7)$

(3) $(2a+b)(2a-b)$　　　　(4) $(5m-2n)(5m+2n)$

 くわしく $x+a$ と $x+b$ の積

$(x+a)(x+b)$
$=x^2+(a+b)x+ab$

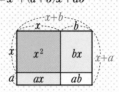

 くわしく 和の平方，差の平方

▶ $(x+a)^2=x^2+2ax+a^2$

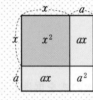

▶ $(x-a)^2=\{x+(-a)\}^2$
$=x^2+2\times(-a)x+(-a)^2$
$=x^2-2ax+a^2$

注意 和の平方，差の平方

$(x+a)^2=x^2+a^2$,
$(x-a)^2=x^2-a^2$
のように展開しないこと。

 くわしく 和と差の積

$(x+a)(x-a)=x^2-a^2$

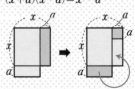

1・2年の復習
第1章
第2章
第3章
第4章
第5章
第6章
第7章
第8章
総仕上げテスト

1 次の計算をしなさい。(3点×6)

(1) $3x(x+4y)$ 〔山 口〕

(2) $\dfrac{2}{3}a(-9a+12b)$

(3) $4xy(3x-7y+8)$

(4) $(6x^2y-2x)\div 2x$ 〔富 山〕

(5) $(9x^2y-15xy^2)\div\left(-\dfrac{3}{2}xy\right)$

(6) $(6x^3-9x^2+3x)\div 3x$ 〔奈 良〕

2 次の式を展開しなさい。(3点×4)

(1) $(4x-y)(2x+y)$

(2) $(5x+3y)(2x-3y)$

(3) $(6a-5b)(a+2b)$

(4) $(7a+3b)(4a-b)$

重要 **3** 次の計算をしなさい。(4点×6)

(1) $3x(2x-4)-2x(x+6)$

(2) $-4a(a-2b)+3a(2a-5b)$

(3) $(a+b)(a-b-1)$

(4) $(2x-3y-2)(x-2y)$

(5) $x(2x-7)-(2x^2-5x+1)$

(6) $(a-b)(3a+2b)-a(a-2b)$

重要 **4** 次の式を展開しなさい。(3点×6)

(1) $\left(x+\dfrac{1}{2}\right)\left(x-\dfrac{1}{3}\right)$

(2) $(x+0.6)(x+0.8)$

(3) $(-x+3y)^2$

(4) $\left(a-\dfrac{2}{3}b\right)^2$

(5) $(3x+5y)(3x-5y)$ 〔広 島〕

(6) $\left(\dfrac{x}{2}-\dfrac{2}{3}y\right)\left(\dfrac{x}{2}+\dfrac{2}{3}y\right)$

重要 **5** 次の計算をしなさい。(4点×6)

(1) $(x+2)(x+3)-(x^2-1)$ 〔高 知〕

(2) $(a+b)^2-a(a+2b)$ 〔熊 本〕

(3) $(2x+y)^2-(2x-y)^2$ 〔群 馬〕

(4) $(x+2y)^2-(x+y)(x-y)$ 〔京 都〕

(5) $(2x-3y)(2x+3y)-(3x-2y)^2$ 〔大 阪〕

(6) $(a+1)(a-2)-\dfrac{(2a-1)^2}{4}$

6 $(3x^2+2x+1)(x^2-2x-3)$ を展開したときの x^3 の係数を求めなさい。(4点) 〔日本大豊山高〕

ヒント

3 符号に十分注意しながら展開する。同類項はまとめておくこと。

5 (3)(4)(5) 展開した式どうしをひくときは，かっこをつけてひく。

6 展開したときに文字の部分が x^3 になる項の組み合わせのみを考える。

2 因数分解

重要点をつかもう

1 因数分解

① 共通因数があるときは，**共通因数をくくり出す。** $ma+mb=m(a+b)$

共通因数

② 因数分解の公式は乗法公式の逆になる。

・ $x^2+(a+b)x+ab=(x+a)(x+b)$

和 / 積

$x^2+2ax+a^2=(x+a)^2$
$x^2-2ax+a^2=(x-a)^2$

2分の1 / 2乗

・ $x^2-a^2=(x+a)(x-a)$

和と差の積

③ 式の中の共通な部分を1つの文字におきかえて考える。

例 $(a+b)x+(a+b)y$ のとき，$a+b=A$ とおくと，$Ax+Ay=A(x+y)$

A をもとにもどして，$A(x+y)=(a+b)(x+y)$

Step 1 基本問題

解答▶別冊12ページ

1 [共通因数をくくり出す] 次の式を因数分解しなさい。

(1) x^2-5xy

(2) $6ab-9ac$

(3) $4a+24b+16c$

(4) $4a^2b-8ab^2+10ab$

重要 **2** [$x^2+(a+b)x+ab$ の因数分解] 次の式を因数分解しなさい。

(1) x^2+6x+8

(2) $x^2-7x+12$

(3) a^2-9a+8

(4) $x^2+12xy+27y^2$

Guide

 因数

1つの数や式が，いくつかの数や式の積の形に表されるとき，かけ合わされた1つ1つの数や式を，もとの数や式の因数という。

例 $ab-ac=a(b-c)$ だから，a，$b-c$ は $ab-ac$ の因数である。

 因数分解

多項式をいくつかの因数の積として表すことを，その多項式を因数分解するという。

$$x^2+5x+6$$

因数分解 ↑↓ 展開

$$(x+2)(x+3)$$

重要 3 $[x^2+(a+b)x+ab$ の因数分解] 次の式を因数分解しなさい。

(1) $x^2+5x-36$

(2) $x^2-3x-10$

(3) $x^2-5xy-14y^2$

(4) $a^2+2ab-15b^2$

4 $[x^2\pm2ax+a^2$ の因数分解] 次の式を因数分解しなさい。

(1) x^2+6x+9

(2) $a^2-16a+64$

(3) $x^2+20xy+100y^2$

(4) $4x^2-4x+1$

5 $[x^2-a^2$ の因数分解] 次の式を因数分解しなさい。

(1) x^2-36

(2) $9-x^2$

(3) $16x^2-9$

(4) $25a^2-1$

重要 6 [いろいろな因数分解] 次の式を因数分解しなさい。

(1) $2x^2+10x-12$

(2) $3x^2y-12y$

7 [おきかえの因数分解] 次の式を因数分解しなさい。

(1) $a(b-1)+2(b-1)$

(2) $(x+4)^2-4$

 くわしく　$x^2+(a+b)x+ab$ $=(x+a)(x+b)$

▶ ab が正の数のとき，a, b は同符号になる。

▶ ab が負の数のとき，a, b は異符号になる。

 覚える　因数分解の公式

▶ $x^2+(a+b)x+ab$ $=(x+a)(x+b)$

▶ $x^2+2ax+a^2$ $=(x+a)^2$ $x^2-2ax+a^2$ $=(x-a)^2$

▶ x^2-a^2 $=(x+a)(x-a)$

 くわしく　因数分解の手順

①まず，共通因数がないか調べる。

②因数分解の公式を利用する。

③項を組み合わせて②に導く。

 注意

6(1)で，$2x^2+10x-12=2(x^2+5x-6)$ のままにしておかないこと。因数分解はそれ以上分解できないところまでする。

Step ② 標準問題

時間 35分　合格点 80点　得点 　　点

解答▶別冊13ページ

1 次の式を因数分解しなさい。(3点×10)

(1) $x^2 - 14x + 49$ 〔岩 手〕

(2) $a^2 + 13ab + 30b^2$

(3) $x^2 - 2x - 63$ 〔広 島〕

(4) $4a^2 - 20ab + 25b^2$

(5) $1 - 16x^2$ 〔千 葉〕

(6) $x^2 - \dfrac{2}{3}x + \dfrac{1}{9}$

(7) $36 + x^2 - 12x$

(8) $-49 + 4a^2$

(9) $x(x+1) - 20$ 〔愛 知〕

(10) $(x-12)(x-2) + 3x$ 〔香 川〕

2 次の問いに答えなさい。(4点×2)

(1) 次の式が成り立つとき，①〜③にあてはまる正の数を求めなさい。

$$9x^2 - \boxed{①}\,x + 1 = (\boxed{②}\,x - \boxed{③}\,)^2$$ 〔佐 賀〕

(2) 次のことがらの $\boxed{ア}$ 〜 $\boxed{ウ}$ にそれぞれ自然数を入れ，そのことがらが正しくなるようにする。このとき，あてはまる自然数の組($\boxed{ア}$, $\boxed{イ}$, $\boxed{ウ}$)のうち，1組を書きなさい。

「$x^2 + \boxed{ア}\,x - 18$ を因数分解すると，$(x + \boxed{イ})(x - \boxed{ウ})$ となる。」 〔和歌山〕

重要 **3** 次の式を因数分解しなさい。(4点×4)

(1) $3ax^2-9axy+6ay^2$ 〔青雲高〕　(2) $ax^2-3ax+2a$ 〔東京電機大高〕

(3) $x^2y-xy-156y$ 〔西大和学園高〕　(4) $8x^2-18y^2$ 〔和洋国府台女子高〕

重要 **4** 次の式を因数分解しなさい。(5点×4)

(1) $(x-5)^2-7(x-5)+12$ 〔神奈川〕　(2) $(x-4)^2-10(x-4)-24$ 〔国立高専〕

(3) $(a+b)^2+4(a+b)+4$ 　(4) $(x-3)y^2-4(x-3)$ 〔成蹊高－改〕

5 x^2-6y-y^2-9 を因数分解するのに次のように考えた。このとき，□にあてはまる数を答えなさい。(6点)

$x^2-6y-y^2-9=x^2-(y^2+\boxed{(1)}y+\boxed{(2)})=x^2-(y+\boxed{(3)})^2$
$=\{x+(y+3)\}\{x-(y+\boxed{(4)})\}=(x+y+3)(x-y-\boxed{(5)})$

重要 **6** 次の式を因数分解しなさい。(5点×4)

(1) $xy-6x+3y-18$ 〔専修大附高〕　(2) $x^2-4y^2-8x+16$ 〔明治大付属中野高〕

(3) $4x^2-y^2+4x+1$ 〔國學院大久我山高〕　(4) ax^2-1+x^2-a 〔明治学院高〕

ヒント **4** (1) $x-5=X$ とおきかえて公式を利用する。または，一度展開してから因数分解してもよい。

6 (2)(3) (　　)²－(　　)² の形になるように式を変形する。

(4) 項の組み合わせを考え，共通因数が現れるように工夫する。

3 式の計算の利用

重要点をつかもう

1 乗法公式の利用

乗法公式を利用して，数の計算を簡単にすることができる。

例　$98^2 = (100-2)^2 = 10000 - 400 + 4 = 9604$

$(x-a)^2 = x^2 - 2ax + a^2$ の利用

2 因数分解の利用

因数分解を利用して，数の計算を簡単にすることができる。

例　$22^2 - 12^2 = (22+12) \times (22-12) = 34 \times 10 = 340$

$x^2 - a^2 = (x+a)(x-a)$ の利用

3 式の計算の利用

式の値を求めるとき，式を簡単にするのに，**乗法公式**や**因数分解**を利用する。

例　$a = 15$，$b = -5$ のとき，$a^2 + 2ab + b^2 = (a+b)^2 = \{15 + (-5)\}^2 = 10^2 = 100$

因数分解する

Step 1 基本問題

解答▶別冊14ページ

1 ［乗法公式の利用］乗法公式を利用して，次の計算をしなさい。

(1) 103^2　　　　　　　　　　　　(2) 199^2

(3) 51×49　　　　　　　　　　(4) 68×72

2 ［乗法公式の利用］1辺が a cm の正方形の縦を 2 cm 長くし，横を 3 cm 長くして長方形をつくった。その長方形の面積を a の式で表しなさい。〔沖　縄〕

重要 **3** ［因数分解の利用］因数分解を利用して，次の計算をしなさい。

(1) $53^2 - 47^2$　　　　〔山　口〕　(2) $1001^2 - 999^2$　　　　〔大　阪〕

Guide

 乗法公式の利用

乗法公式を利用して，数の計算が簡単にできる場合がある。

例　和と差の積の利用

81×79

$= (80+1)(80-1)$

$= 80^2 - 1^2$

$= 6400 - 1$

$= 6399$

 因数分解の利用

因数分解を利用して，数の計算が簡単にできる場合がある。

例　$94^2 + 94 \times 12 + 6^2$

$= 94^2 + 2 \times 6 \times 94 + 6^2$

$= (94+6)^2$

$= 100^2$

$= 10000$

4 ［因数分解の利用］n を整数とするとき，いつでも 6 の倍数になる式を，下の**ア〜エ**の中から 1 つ選び，その記号を書きなさい。 〔山 梨〕

ア $3n$ **イ** $n-6$ **ウ** $6n+3$ **エ** $6n-6$

重要 **5** ［式の計算の利用］次の式の値を求めなさい。

(1) $x=22$ のとき，x^2-4x+4 の値 〔埼 玉〕

(2) $x=9.6$, $y=0.4$ のとき，x^2+xy の値 〔秋 田〕

重要 **6** ［式による証明］次の問いに答えなさい。

(1) 2 つの連続する整数では，大きい整数の 2 乗から小さい整数の 2 乗をひいた差は，はじめの 2 つの整数の和に等しくなる。このことを証明しなさい。

(2) 3 つの連続する整数で，最も大きい整数の 2 乗から最も小さい整数の 2 乗をひいた差は，中央の整数の 4 倍に等しくなる。このことを証明しなさい。

(3) 右の図のような，半径 r m の円形の土地の周囲に，幅 a m の道がある。この道の面積を S m²，道の真ん中を通る円周の長さを ℓ m とするとき，$S=a\ell$ となることを証明しなさい。

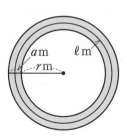

 式の計算の利用

▶乗法公式を利用する式の値
…式をできるだけ簡単にしてから代入する。
▶因数分解を利用する式の値
…因数分解してから代入する。

 整数の表し方

n を整数とすると，
▶2 つの連続する整数
n, $n+1$
▶3 つの連続する整数
n, $n+1$, $n+2$
または，
$n-1$, n, $n+1$
▶偶数…$2n$
▶奇数…$2n+1$

 円の面積と円周の長さの求め方

▶半径 r の円の面積 S は，
$S=\pi r^2$
▶半径 r の円の円周の長さ ℓ は，$\ell=2\pi r$

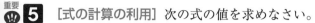

1 2 年の復習
第 1 章
第 2 章
第 3 章
第 4 章
第 5 章
第 6 章
第 7 章
第 8 章
総仕上げテスト

時間 35分　合格点 80点　得点　　　点

1 次の問いに答えなさい。(8点×2)

(1) $(a+b)(a-b)$ の展開を利用して，$205×195$ の計算をしなさい。　〔山 口〕

(2) 5001^2-5000^2 を計算しなさい。　〔法政大国際高〕

重要 2 次の式の値を求めなさい。(8点×4)

(1) $x=-13$ のとき，$x^2+9x-36$ の値　〔山 形〕

(2) $x=3.8$ のとき，$(x-1)(x+3)-(x-3)(x-5)$ の値　〔愛 知〕

(3) $x=\dfrac{5}{3}$，$y=-\dfrac{1}{3}$ のとき，$x^2-2xy+y^2$ の値　〔秋 田〕

(4) $a=\dfrac{1}{9}$，$b=28$ のとき，ab^2-64a の値　〔静 岡〕

重要 3 1辺の長さが p m の正方形の土地のまわりに，右の図のように幅 a m の道がついている。この道の面積を S m²，道の真ん中を通る線の長さを ℓ m とするとき，$S=a\ell$ となる。このことを証明しなさい。

(12点)

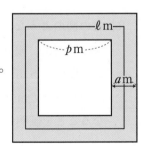

重要 4 「連続する 2 つの奇数において，2 つの奇数の積から小さいほうの奇数の 2 倍をひいた数は，小さいほうの奇数の 2 乗に等しい」ことの証明を，完成しなさい。(10点)　〔福　岡〕

〔証明〕　整数 n を使って，小さいほうの奇数を $2n-1$ とする。

5 花子さんは，メモに書いた式を見て，「連続する 3 つの自然数では，最も小さい自然数と最も大きい自然数の積に 1 を加えると，中央の自然数の 2 乗に等しくなる」と予想した。この予想がいつでも成り立つことを，最も小さい自然数を n として証明しなさい。(10点)　〔青　森〕

花子さんのメモ

2, 3, 4 の場合	$2\times4+1=9=3^2$
3, 4, 5 の場合	$3\times5+1=16=4^2$
6, 7, 8 の場合	$6\times8+1=49=7^2$
11, 12, 13 の場合	$11\times13+1=144=12^2$

6 右の図は，ある月のカレンダーである。(10点×2)　〔山　口〕

(1) 図の 10 11 12 のように横に並んだ連続する 3 つの数について，和が 72 となるような 3 つの数を求め，小さい順に左から書きなさい。

日	月	火	水	木	金	土
	1	2	3	4	5	6
7	8	9	10	11	12	13
14	15	16	17	18	19	20
21	22	23	24	25	26	27
28	29	30	31			

(2) 図の 9／16 のように縦に並んだ 2 つの数について，上にある数を a，下にある数を b とするとき，$6a^2+b^2$ が 7 の倍数となることを，b を a を使った式で表して説明しなさい。

ヒント

3 道の真ん中を通る線の 1 辺の長さは $(p+a)$ m であるから，$\ell=4(p+a)$ となる。
4 連続する 2 つの奇数の小さいほうを $2n-1$ とすると，大きいほうは $2n+1$ である。
6 (2) カレンダーでは，下にある数は上にある数より 7 大きいから，$b=a+7$ である。

37

【　　月　　日　】

解答▶別冊15ページ

重要 1 次の計算をしなさい。(5点×5)

(1) $(x+2)^2-(x+3)(x-4)$　　〔神奈川〕

(2) $(3x+1)(3x-2)-(2x+3)^2$　　〔東海大付属浦安高〕

(3) $(2x+y)(2x-5y)-4(x-y)^2$　　〔群馬〕

(4) $\dfrac{(3x-y)(x+y)}{2}-(2x+y)(2x-y)$　　〔同志社高〕

(5) $(-3a-b+c)^2-(3a+b)(3a+b-2c)$　　〔日本大第二高〕

重要 2 次の式を因数分解しなさい。(5点×7)

(1) $a^2+4ab+3b^2-6b-2a$　　〔立命館高〕

(2) $x^2+xy-4x-y+3$　　〔西大和学園高〕

(3) $(x+y)(x+y-5)-14$　　〔東京都市大付高〕

(4) $(x^2-3x-4)(x^2-3x+3)+6$　　〔早稲田実業学校高〕

(5) $a^3+b^2c-a^2c-ab^2$　　〔市川高(千葉)〕

(6) $x^2(x-1)-4(x^2+2x-3)$　　〔成蹊高〕

(7) $(x-12y)(x+y)+4y(3x+1)+x$　　〔ラ・サール高〕

3 次の式の値を求めなさい。(6点×3)

(1) $x=\dfrac{1}{6}$, $y=-2$ のとき，$(4x-3y)^2+(3x+4y)^2-19(x^2+y^2)$ の値　　　　〔函館ラ・サール高〕

(2) $x+y=5$ のとき，$x^2+2xy+y^2-8x-8y+15$ の値　　　　〔日本大豊山高〕

(3) $ab=-\dfrac{5}{6}$ のとき，$(3a-b)^2-(3a+b)^2$ の値　　　　〔青雲高〕

4 $1998^2-1998\times1997-1999\times1998+1997\times1999$ を計算しなさい。(6点)　　　　〔茗溪学園高〕

難問 **5** $2015\times202-2018\times205-2012\times199+2016\times203$ を計算しなさい。(6点)　　　　〔立教新座高〕

重要 **6** 小さい順に並べた連続する 3 つの奇数 3，5，7 において，$5\times7-5\times3$ を計算すると 20 となり，中央の奇数 5 の 4 倍になっている。このように，「小さい順に並べた連続する 3 つの奇数において，中央の奇数と最も大きい奇数の積から，中央の奇数と最も小さい奇数の積をひいた差は，中央の奇数の 4 倍に等しくなる」ことを文字 n を使って説明しなさい。ただし，説明は「n を整数とし，中央の奇数を $2n+1$ とする。」に続けて完成させなさい。(10点)　　　　〔長　崎〕

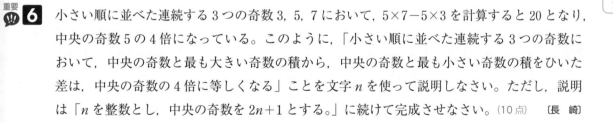

 ヒント

1 (5) $3a+b=X$ とおいて計算する。

5 $2015=x$，$202=y$ とおいて計算する。

6 中央の奇数を $2n+1$ とすると，連続する 3 つの奇数は，小さい順に $2n-1$，$2n+1$，$2n+3$

4 平 方 根

🎯 重要点をつかもう

1 平方根

① ある数 x を2乗すると a になるとき，x を a の**平方根**という。正の数 a の平方根は，正と負の2つがあり，正のほうを $\sqrt{a}$，負のほうを $-\sqrt{a}$ で表す。（まとめて $\pm\sqrt{a}$ と表す。）記号 $\sqrt{}$ を**根号**という。

② 0の平方根は0である。負の数には平方根はない。

③ a が正の数のとき，$(\sqrt{a})^2=a$，$(-\sqrt{a})^2=a$

2 平方根の大小

a，b が正の数で，$a<b$ **ならば，** $\sqrt{a}<\sqrt{b}$ である。

　例　$5<6$ だから，$\sqrt{5}<\sqrt{6}$

3 平方根の表し方

$\sqrt{}$ の中はできるだけ小さい自然数にする。

　例　$\sqrt{28}=\sqrt{4\times7}=\sqrt{4}\times\sqrt{7}=2\times\sqrt{7}=2\sqrt{7}$

Step 1 基 本 問 題

解答▶別冊16ページ

1 [平方根] 次の数の平方根を書きなさい。

(1) 5　　　(2) 9　　　(3) 10　　　(4) 36

(5) 0.16　　　(6) 0.9　　　(7) 0　　　(8) $\dfrac{2}{3}$

2 [平方根] 次の数を根号を使わないで表しなさい。

(1) $\sqrt{49}$　　　(2) $-\sqrt{64}$　　　(3) $\sqrt{5^2}$

(4) $\sqrt{(-3)^2}$　　　(5) $(\sqrt{6})^2$　　　(6) $-(\sqrt{10})^2$

(7) $\sqrt{0.09}$　　　(8) $\sqrt{\dfrac{9}{16}}$　　　(9) $-\sqrt{(-9)^2}$

Guide

くわしく 平方根

正方形の面積で平方根を考える。

$a\,\mathrm{cm}^2$

$\sqrt{a}\,\mathrm{cm}$

面積が $a\ \mathrm{cm}^2$ の正方形の1辺の長さは $\sqrt{a}\ \mathrm{cm}$ である。

確認 平方根の性質 (1)

$a>0$ とするとき，

▶ $(\sqrt{a})^2=a$

▶ $(-\sqrt{a})^2=a$

▶ $\sqrt{a^2}=a$

▶ $\sqrt{(-a)^2}=a$

3 [平方根の大小] 次の各組の数の大小を，不等号を使って表しなさい。

(1) $\sqrt{15}$, $\sqrt{13}$

(2) 7, $\sqrt{50}$

(3) 2, 3, $\sqrt{7}$

(4) -5, $-\sqrt{26}$, $-\sqrt{23}$

重要 **4** [平方根の表し方] 次の数を $a\sqrt{b}$ の形に表しなさい。

(1) $\sqrt{8}$　　(2) $\sqrt{20}$　　(3) $\sqrt{32}$　　(4) $\sqrt{50}$

(5) $\sqrt{27}$　　(6) $\sqrt{75}$　　(7) $\sqrt{54}$　　(8) $\sqrt{98}$

重要 **5** [平方根の表し方] 次の数を $\sqrt{a}$ の形に表しなさい。

(1) $2\sqrt{3}$　　(2) $3\sqrt{2}$　　(3) $2\sqrt{6}$　　(4) $6\sqrt{2}$

(5) $4\sqrt{3}$　　(6) $3\sqrt{5}$　　(7) $6\sqrt{6}$　　(8) $10\sqrt{3}$

6 [平方根の値] $\sqrt{2}=1.414$, $\sqrt{20}=4.472$ として，次の値を求めなさい。

(1) $\sqrt{200}$　　　(2) $\sqrt{2000}$　　　(3) $\sqrt{20000}$

(4) $\sqrt{0.02}$　　　(5) $\sqrt{0.2}$　　　(6) $\sqrt{0.0002}$

 注意 $\sqrt{}$ のはずし方

$a>0$ のとき，
$\sqrt{(-a)^2}=-a$ としてはいけない。

例 $\sqrt{(-6)^2}=\sqrt{36}=6$

 くわしく 平方根の大小

$0<a<b$ のとき，面積が a, b の正方形をかくと，1辺の長さは $\sqrt{a}$ と $\sqrt{b}$ である。

$0<a<b \rightarrow \sqrt{a}<\sqrt{b}$

 確認 平方根の性質 (2)

$a>0$ とするとき，

▶ $\sqrt{}$ の中の数を外へ
$\sqrt{a^2 b}=a\sqrt{b}$

▶ $\sqrt{}$ の外の数を中へ
$a\sqrt{b}=\sqrt{a^2 b}$
　　　2乗して入れる

覚える 平方根のおよその値

　　ひと夜ひと夜 に 人 見 ご ろ
$\sqrt{2}\fallingdotseq1.4\ 1\ 4\ 2\ 1\ 3\ 5\ 6$

　　人 な み に お ご れ や
$\sqrt{3}\fallingdotseq1.7\ 3\ 2\ 0\ 5\ 0\ 8$

　　富士 山 ろくオウ ム 鳴 く
$\sqrt{5}\fallingdotseq2.2\ 3\ 6\ 0\ 6\ 7\ 9$

菜 に む し い ない
$\sqrt{7}\fallingdotseq2.6\ 4\ 5\ 7\ 5$

1・2年の復習
第1章
第2章
第3章
第4章
第5章
第6章
第7章
第8章
総仕上げテスト

解答▶別冊16ページ

重要 **1** 次の**ア**から**エ**までの文の中から誤っているものを 1 つ選んでその記号を書き，正しい文にするために下線部を正しい整数に書き直しなさい。(6点)　〔愛 知〕

ア $-\sqrt{81}$ は $\underline{-9}$ である。

イ $\sqrt{(-9)^2}$ は $\underline{-9}$ である。

ウ 81 の平方根は $\underline{\pm 9}$ である。

エ $(\sqrt{9})^2$ は $\underline{9}$ である。

2 次の $\boxed{P}$，$\boxed{Q}$ にあてはまる数を求め，下の**ア〜エ**の中から正しいものを 1 つ選び，その記号を書きなさい。(5点)　〔埼 玉〕

・64 の平方根は $\boxed{P}$ である。

・$\sqrt{(-3)^2} = \boxed{Q}$ である。

ア P は 8，Q は 3 である。　　　**イ** P は ± 8，Q は 3 である。

ウ P は 8，Q は -3 である。　　**エ** P は ± 8，Q は -3 である。

3 $\sqrt{3} = 1.732$，$\sqrt{30} = 5.477$ として，次の値を求めなさい。(4点×4)

(1) $\sqrt{300}$　　　　(2) $\sqrt{3000}$　　　　(3) $\sqrt{0.3}$　　　　(4) $\sqrt{12}$

4 数直線上の点 A 〜 D は，次の数のどれかを表す。A 〜 D に対応する数を求めなさい。

$$\sqrt{3}, \ \sqrt{2}, \ \sqrt{5}, \ -\sqrt{3}$$

(4点×4)

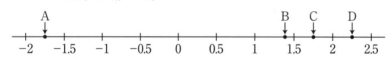

5 次の問いに答えなさい。(5点×3)

(1) 絶対値が $\sqrt{7}$ 以下の整数をすべて書きなさい。　〔青 森〕

(2) 次の各組の数の大小を，不等号を使って表しなさい。

① $2\sqrt{2}$，$\sqrt{7}$，3　　　〔岐 阜〕　② $\dfrac{7}{2}$，$\sqrt{11}$，$2\sqrt{3}$　　　〔宮 城〕

6 次の問いに答えなさい。(6点×3)

(1) $\sqrt{10}$ より大きく $\sqrt{30}$ より小さい整数はいくつありますか。 〔奈 良〕

(2) n を自然数とする。$3<\sqrt{2n}<4$ を満たす n の個数を求めなさい。 〔長 崎〕

(3) $\dfrac{4}{\sqrt{2}}$ より大きく $4\sqrt{2}$ より小さい整数をすべて答えなさい。 〔静 岡〕

重要 7 次の問いに答えなさい。(6点×4)

(1) $\sqrt{108n}$ が自然数となるような自然数 n のうち，最も小さい n の値を求めなさい。

〔岡山県立岡山朝日高〕

(2) $\sqrt{\dfrac{540}{k}}$ が自然数になるような自然数 k は，全部で何個ありますか。 〔大阪桐蔭高〕

(3) a を自然数とするとき，$\sqrt{8-a}$ の値が自然数となるような a の値をすべて求めなさい。〔福 島〕

(4) $\sqrt{45(n+1)}$ の値が自然数となるような自然数 n のうち，最も小さいものを求めなさい。

〔福 井〕

ヒント

6 (2) $3<\sqrt{2n}<4$ の各辺を 2 乗して考える。

7 (2) $540=2^2\times3^3\times5$ と素因数分解して考える。

(4) $\sqrt{45(n+1)}=3\sqrt{5(n+1)}$ として考える。

1・2年の復習
第1章
第2章
第3章
第4章
第5章
第6章
第7章
第8章
総仕上げテスト

5 根号を含む式の計算

重要点をつかもう

1 平方根の乗法，除法

$a>0$，$b>0$ のとき，

$$\sqrt{a} \times \sqrt{b} = \sqrt{ab}, \quad \sqrt{a} \div \sqrt{b} = \frac{\sqrt{a}}{\sqrt{b}} = \sqrt{\frac{a}{b}}$$

2 分母の有理化

$a>0$，$b>0$ のとき，

$$\frac{\sqrt{a}}{\sqrt{b}} = \frac{\sqrt{a} \times \sqrt{b}}{\sqrt{b} \times \sqrt{b}} = \frac{\sqrt{ab}}{b}$$　分母に $\sqrt{}$ がある場合は，分母と分子に同じ数をかける。

3 根号を含む式の計算

① 根号を含む式の加法・減法

$$m\sqrt{a} + n\sqrt{a} = (m+n)\sqrt{a}, \quad m\sqrt{a} - n\sqrt{a} = (m-n)\sqrt{a}$$

② かっこがついた根号を含む式の計算は，**分配法則**や**乗法公式**を使って，式を展開する。

Step 1 基本問題

解答▶別冊17ページ

1 ［平方根の乗法］次の計算をしなさい。

(1) $\sqrt{3} \times \sqrt{5}$　　　(2) $\sqrt{2} \times \sqrt{6}$　　　(3) $\sqrt{3} \times 2\sqrt{2}$

(4) $\sqrt{2} \times \sqrt{18}$　　　(5) $4\sqrt{3} \times \sqrt{3}$　　　(6) $\sqrt{24} \times \sqrt{32}$

2 ［平方根の除法］次の計算をしなさい。

(1) $\sqrt{6} \div \sqrt{3}$　　　(2) $\sqrt{12} \div \sqrt{3}$　　　(3) $2\sqrt{6} \div \sqrt{2}$

(4) $3\sqrt{5} \div \sqrt{3}$　　　(5) $10\sqrt{2} \div \sqrt{5}$　　　(6) $12 \div 3\sqrt{2}$

Guide

くわしく 平方根の乗除

a，b，c が正の数のとき，

▶ $\sqrt{ab} = \sqrt{a}\sqrt{b}$

　積は 2 つに分けることができる。

▶ $\sqrt{a} \div \sqrt{b} \div \sqrt{c}$

$$= \frac{\sqrt{a}}{\sqrt{b} \times \sqrt{c}}$$

注意

$\sqrt{}$ の中の数はできるだけ小さくする。

例 $\sqrt{30} \times \sqrt{70}$

$= \sqrt{2} \times \sqrt{3} \times \sqrt{5} \times \sqrt{2}$
　$\times \sqrt{5} \times \sqrt{7}$

$= 2 \times 5 \times \sqrt{3} \times \sqrt{7}$

$= 10\sqrt{21}$

3 [分母の有理化] 次の数の分母を有理化しなさい。

(1) $\dfrac{3}{\sqrt{3}}$ 　　　　(2) $\dfrac{\sqrt{2}}{\sqrt{5}}$ 　〔宮城〕　(3) $\dfrac{9}{2\sqrt{6}}$

(4) $\dfrac{4}{\sqrt{8}}$ 　　　　(5) $\dfrac{3}{\sqrt{12}}$ 　　　(6) $\dfrac{1}{\sqrt{5}-\sqrt{3}}$

重要 **4** [平方根の乗除] 次の計算をしなさい。

(1) $\sqrt{3}\times\sqrt{6}\div\sqrt{2}$ 　　　　(2) $\sqrt{48}\div\sqrt{6}\times\sqrt{2}$

(3) $\sqrt{32}\div2\sqrt{6}\div\sqrt{2}$ 　　　　(4) $\sqrt{12}\times\sqrt{5}\div2\sqrt{30}$

重要 **5** [根号を含む式の加減] 次の計算をしなさい。

(1) $2\sqrt{3}+3\sqrt{3}$ 　　　　(2) $\sqrt{18}+\sqrt{8}$

(3) $\sqrt{5}+3\sqrt{5}-6\sqrt{5}$ 　　　　(4) $\sqrt{50}-3\sqrt{2}+\sqrt{32}$

重要 **6** [乗法公式の利用] 次の計算をしなさい。

(1) $(\sqrt{5}+2)^2$ 　〔東京〕　(2) $(\sqrt{2}-\sqrt{7})^2$ 　〔青森〕

(3) $(4+\sqrt{5})(4-\sqrt{5})$ 　〔高知〕　(4) $(\sqrt{7}+1)(\sqrt{7}-3)$ 　〔岩手〕

 分母の有理化
（分母が式のとき）

a, b が正の数のとき，$(a\neq b)$
乗法公式
$(x+a)(x-a)=x^2-a^2$ を
利用して，

$$\dfrac{1}{\sqrt{a}-\sqrt{b}}$$
$$=\dfrac{\sqrt{a}+\sqrt{b}}{(\sqrt{a}-\sqrt{b})(\sqrt{a}+\sqrt{b})}$$
$$=\dfrac{\sqrt{a}+\sqrt{b}}{a-b}$$

 根号を含む式の加減

$\sqrt{}$ の中が同じ数のとき，文字式の同類項と同じようにまとめることができる。

例　$3\sqrt{7}+2\sqrt{7}=5\sqrt{7}$
　　　$\downarrow$　　$\downarrow$　　$\downarrow$
　　　$3a$　$+2a$　$=5a$

 根号を含む式の加減

▶分配法則
　$\sqrt{a}(\sqrt{b}+\sqrt{c})$
　$=\sqrt{a}\sqrt{b}+\sqrt{a}\sqrt{c}$

▶乗法公式の利用
例　$(\sqrt{3}+\sqrt{2})^2$
　$=(\sqrt{3})^2+2\times\sqrt{2}\times\sqrt{3}$
　　$+(\sqrt{2})^2$
　$=3+2\sqrt{6}+2$
　$=5+2\sqrt{6}$

1・2年の復習
第1章
第2章
第3章
第4章
第5章
第6章
第7章
第8章
総仕上げテスト

解答▶別冊18ページ

1 次の計算をしなさい。(4点×4)

(1) $\sqrt{125}+\sqrt{80}-\sqrt{45}$ 〔和歌山〕

(2) $\sqrt{27}+3\sqrt{12}-4\sqrt{3}$ 〔三 重〕

(3) $\sqrt{45}+\dfrac{10}{\sqrt{5}}-\sqrt{5}$ 〔京 都〕

(4) $\sqrt{24}+\dfrac{30}{\sqrt{6}}-\sqrt{6}$ 〔青 森〕

重要 **2** 次の計算をしなさい。(4点×4)

(1) $(2\sqrt{3}+\sqrt{5})(\sqrt{3}-\sqrt{5})$ 〔島 根〕

(2) $(\sqrt{3}-1)(\sqrt{3}+4)-\sqrt{12}$ 〔岡 山〕

(3) $(\sqrt{5}-3)(\sqrt{5}+4)-\sqrt{45}$ 〔滋 賀〕

(4) $(\sqrt{10}+1)(\sqrt{10}-4)+\sqrt{90}$ 〔熊 本〕

重要 **3** 次の計算をしなさい。(4点×4)

(1) $(\sqrt{2}+1)^2-\sqrt{32}$ 〔山 形〕

(2) $(\sqrt{5}-2)^2+\sqrt{5}(\sqrt{20}+4)$ 〔愛 知〕

(3) $(\sqrt{5}+1)^2-\dfrac{10}{\sqrt{5}}$ 〔佐 賀〕

(4) $(2-\sqrt{3})^2+\dfrac{12}{\sqrt{3}}$ 〔長 崎〕

4 次の数の分母を有理化しなさい。(3点×2)

(1) $\dfrac{\sqrt{2}}{1-\sqrt{3}}$

(2) $\dfrac{\sqrt{3}-\sqrt{2}}{\sqrt{3}+\sqrt{2}}$

重要 **5** 次の計算をしなさい。(4点×4)

(1) $(\sqrt{3}+\sqrt{2})^2-(\sqrt{3}-\sqrt{2})^2$ 〔山 口〕

(2) $\dfrac{\sqrt{27}-\sqrt{2}}{2}-\dfrac{5\sqrt{3}-\sqrt{8}}{3}$ 〔大 阪〕

(3) $\left(-\dfrac{1}{\sqrt{3}}\right)\times9+\sqrt{12}$ 〔千 葉〕

(4) $(2\sqrt{2}-\sqrt{3})^2-(2\sqrt{2}+1)(2\sqrt{2}-1)$ 〔大 阪〕

6 次の計算をしなさい。(6点×5)

(1) $(\sqrt{2}-1)^2+2\left(1+\dfrac{1}{\sqrt{2}}\right)^2$ 〔土浦日本大高〕

(2) $\dfrac{2\sqrt{5}}{\sqrt{3}}+\dfrac{\sqrt{27}}{\sqrt{5}}-\dfrac{8}{\sqrt{60}}$ 〔國學院大久我山高〕

(3) $(\sqrt{2}+\sqrt{3})(3\sqrt{3}-2\sqrt{2})-\dfrac{\sqrt{50}-\sqrt{3}}{\sqrt{2}}$ 〔桐朋高〕

(4) $\dfrac{\sqrt{72}-2\sqrt{3}}{\sqrt{2}}-(2\sqrt{2}-\sqrt{3})^2$ 〔成蹊高〕

(5) $\dfrac{\sqrt{72}-\sqrt{27}}{\sqrt{3}}+\left(2\sqrt{3}-\dfrac{1}{\sqrt{2}}\right)^2$ 〔中央大附高〕

ヒント
2 3 乗法公式を利用する。
4 $(x+a)(x-a)=x^2-a^2$ を使って分母を整数にする。
5 (1) $x^2-a^2=(x+a)(x-a)$ を利用するとよい。

6. 平方根の利用

🎯 重要点をつかもう

1 有理数と無理数

a を整数，b を 0 でない整数とするとき，$\dfrac{a}{b}$ のように分数の形で表すこと
ができる数を**有理数**といい，分数の形で表せない数を**無理数**という。

数 ｛有理数 ｛整数 / 分数｝ / 無理数｝

2 平方根と式の値

平方根を含む式の値を計算するときは，条件の式や値を求める式をうまく変形して，代入がスムーズに行えるように工夫する。

3 整数部分と小数部分

例えば，$\sqrt{5}$ を小数で表すと，$2.2360679\cdots$ のように無限に続く小数になる。このとき，2 を $\sqrt{5}$ の
整数部分，$0.2360679\cdots$ を $\sqrt{5}$ の**小数部分**という。$0.2360679\cdots$ はそのままでは計算で使えないので，
$0.2360679\cdots = 2.2360679\cdots - 2 = \sqrt{5} - 2$ として計算する。

4 近似値と有効数字

① 真の値に近い値のことを**近似値**という。また，近似値と真の値の差を**誤差**という。
② 近似値を表す数字で，信頼できる数字を**有効数字**という。

　有効数字は，$a \times 10^n$ または $a \times \dfrac{1}{10^n}$（ただし，$1 \leqq a < 10$ の形で表す。）

Step 1 基本問題

解答▶別冊19ページ

1 [有理数と無理数] 次の数を，有理数と無理数に分けなさい。

$$-3, \quad \frac{2}{19}, \quad \frac{\sqrt{5}}{3}, \quad 0, \quad -\frac{1}{\sqrt{2}}, \quad \pi, \quad \sqrt{4}, \quad \frac{1}{\sqrt{9}}, \quad -\sqrt{24}$$

2 [式の値] 次の式の値を求めなさい。
(1) $x = \sqrt{5} - 1$ のとき，$x^2 + 2x$ の値

(2) $x = \sqrt{3} + 1$，$y = \sqrt{3} - 1$ のとき，$x^2 + 2xy + y^2$ の値

Guide

確認　有理数と無理数

有理数 ｛整数 ｛自然数 / 0 / 負の整数｝ / 分数｝
無理数 … $\sqrt{2}$，$\sqrt{3}$，π など

数 ｛無理数 / 有理数 ｛整数 ｛自然数｝｝｝

くわしく　有理数・無理数と小数

有理数 ｛有限小数 / 循環小数｝
無理数 （循環しない無限小数）

3 [対称式の利用] $x=3+2\sqrt{2}$，$y=3-2\sqrt{2}$ のとき，次の式の
値を求めなさい。

(1) $x+y$ (2) xy

(3) x^2+y^2 (4) $\dfrac{1}{x}+\dfrac{1}{y}$

 4 [整数部分と小数部分] 次の問いに答えなさい。

(1) $\sqrt{10}$ の整数部分と小数部分を求めなさい。

(2) $\sqrt{10}$ の整数部分を a，小数部分を b とするとき，次の式の値を
求めなさい。

   ① $b^2+6b+12$

   ② b^2+2ab

5 [近似値と有効数字] 次の問いに答えなさい。

(1) 体重を測定し，100 g 未満を四捨五入して測定値 54.8 kg を得た。
真の値 a の範囲を，不等号を使って表しなさい。

(2) ある距離の測定値 3290000 m の有効数字が，3，2，9 の 3 けた
であるとき，この測定値を $a\times10^n$ の形で表しなさい。

 対称式

$x+y$，xy，x^2+y^2 のように，x と y を入れかえても変わらない式を x，y についての**対称式**という。対称式の値は，次のように $x+y$ と xy の値を用いて計算することができる。

▶ $x^2+y^2=(x+y)^2-2xy$

▶ $\dfrac{1}{x}+\dfrac{1}{y}=\dfrac{y}{xy}+\dfrac{x}{xy}=\dfrac{x+y}{xy}$

 整数部分と小数部分

$n\leqq\sqrt{a}<n+1$ を満たす整数 n を $\sqrt{a}$ の**整数部分**といい，$\sqrt{a}$ から n をひいた値を $\sqrt{a}$ の**小数部分**という。例えば，$2<\sqrt{7}<3$ だから，$\sqrt{7}$ の整数部分は 2，小数部分は $\sqrt{7}-2$ である。

 有効数字の 0

有効数字を表すときは小数点以下の 0 も書く。

例 測定値 5100 m の有効数字が 3 けたのとき，5.10×10^3 m と表す。

解答▶別冊19ページ

1 次の文が正しければ○をつけ，まちがっていれば正しくない例を1つあげなさい。(4点×3)

(1) x, y が有理数ならば，$x+y$ は有理数である。

(2) x, y が無理数ならば，$x+y$ は無理数である。

(3) x が有理数，y が無理数ならば，xy は無理数である。

重要 2 次の式の値を求めなさい。(6点×5)

(1) $a=6+2\sqrt{3}$ のとき，$a^2-12a+36$ の値　〔法政大国際高〕

(2) $x=\sqrt{5}-1$ のとき，x^2+2x-7 の値　〔駿台甲府高〕

(3) $x=2-\sqrt{3}$ のとき，$(x+1)(x-3)+(x-3)^2$ の値　〔履正社高〕

(4) $x=2+\sqrt{5}$ のとき，$x^2-7x+10$ の値　〔平安女学院高〕

(5) $x=\sqrt{2}(\sqrt{50}+\sqrt{48}-\sqrt{18}-\sqrt{3})$ のとき，x^2-8x の値　〔京都府立嵯峨野高〕

3 $a=\dfrac{3+\sqrt{5}}{\sqrt{3}}$, $b=\dfrac{3-\sqrt{5}}{\sqrt{3}}$ のとき，次の式の値を求めなさい。(6点×3)　〔報徳学園高〕

(1) $a+b$　　　　　(2) ab　　　　　(3) a^2+ab+b^2

4 次の式の値を求めなさい。(6点×3)

(1) $x=\sqrt{2}+\sqrt{3}$, $y=\sqrt{2}-\sqrt{3}$ のとき, x^2+xy+y^2 の値　〔駿台甲府高〕

(2) $a=\dfrac{\sqrt{3}+1}{2}$, $b=\dfrac{\sqrt{3}-1}{2}$ のとき, $a^2-3ab+b^2$ の値　〔日本大第二高〕

(3) $x=\sqrt{7}+\sqrt{2}$, $y=\sqrt{7}-\sqrt{2}$ のとき, $y(2x+3y)-x(8y-3x)$ の値　〔明治大付属中野高〕

重要 **5** 次の式の値を求めなさい。(6点×3)

(1) $2\sqrt{13}$ の小数部分を a とするとき, $a^2+14a+48$ の値　〔市川高(千葉)〕

(2) $3+\sqrt{5}$ の整数部分を a, 小数部分を b とするとき, a^2+ab-b^2-9b の値　〔法政大第二高〕

(3) $\sqrt{26}$ の小数部分を a とするとき, $a+\dfrac{1}{a}$ の値　〔本郷高〕

6 四捨五入して, 近似値 1.25×10^3 m が得られた。このとき, 誤差の絶対値は何 m 以下か答えなさい。(4点)

----

2 (5) まず, $\sqrt{2}\,(\sqrt{50}+\sqrt{48}-\sqrt{18}-\sqrt{3}\,)$ を簡単にしてから式の値を求める。

3 (3) $a^2+ab+b^2=(a+b)^2-ab$

5 (1) $2\sqrt{13}=\sqrt{52}$ だから, $\sqrt{49}<\sqrt{52}<\sqrt{64}$ より, $7<2\sqrt{13}<8$ である。

Step ③ 実 力 問 題

時間	合格点	得点
40分	70点	点

解答▶別冊20ページ

1 次の問いに答えなさい。(6点×5)

(1) $\dfrac{\sqrt{7}}{2}$ より大きく $2\sqrt{5}$ より小さい整数をすべて求めなさい。 〔奈 良〕

(2) 一の位が0でない2けたの自然数 A があり，この数の十の位の数字と一の位の数字を入れかえた数を B とする。$\sqrt{A+B}$ と $\sqrt{A-B}$ がともに自然数になるとき，A の値を求めなさい。 〔秋 田〕

(3) $\dfrac{\sqrt{75n}}{2}$ の値が整数となるような自然数 n のうち，最も小さいものを求めなさい。 〔熊 本〕

難問 (4) $\sqrt{2x}+\sqrt{3y}$ を2乗すると自然数になるような1けたの自然数 $x,\ y$ は何組あるか，求めなさい。 〔秋 田〕

(5) $\sqrt{25-n}+2\sqrt{n}$ が整数となる自然数 n をすべて求めなさい。 〔群 馬〕

重要 **2** 次の式の値を求めなさい。(7点×2)

(1) $x=\dfrac{\sqrt{2}+1}{3},\ y=\dfrac{\sqrt{2}-1}{3}$ のとき，x^2+xy+y^2 の値 〔豊島岡女子学園高〕

(2) $x=\dfrac{\sqrt{5}+\sqrt{3}}{2},\ y=\dfrac{\sqrt{5}-\sqrt{3}}{2}$ とするとき，$2x^2+2y^2-4xy$ の値 〔同志社高〕

3 次の計算をしなさい。(7点×5)

(1) $(1+\sqrt{2})^4(3-2\sqrt{2})^2$　　　　　　　　　　　　　　〔白陵高〕

(2) $\dfrac{\sqrt{27}+\sqrt{6}}{\sqrt{2}}-\dfrac{8-\sqrt{12}}{\sqrt{6}}-\dfrac{3+\sqrt{6}}{\sqrt{3}}$　　　　　　〔大阪教育大附高(池田)〕

(3) $\dfrac{(18-12\sqrt{2})(3\sqrt{5}+2\sqrt{10})}{\sqrt{15}}$　　　　　　　　〔東京学芸大附高〕

(4) $\dfrac{(\sqrt{3}-\sqrt{5})^2}{\sqrt{5}}-\dfrac{(\sqrt{5}-2\sqrt{3})(2\sqrt{5}-\sqrt{3})}{\sqrt{20}}$　　　　〔成城高〕

(5) $\left(\dfrac{\sqrt{7}+\sqrt{11}}{\sqrt{2}}\right)^2-(\sqrt{7}+\sqrt{11})(\sqrt{7}-\sqrt{11})+\left(\dfrac{\sqrt{7}-\sqrt{11}}{\sqrt{2}}\right)^2$　　〔市川高(千葉)〕

重要 4 次の問いに答えなさい。(7点×3)

(1) $a+b=\sqrt{14}$, $a-b=\sqrt{10}$ のとき, ab の値を求めなさい。　　　　〔洛南高〕

(2) $2\sqrt{3}$ の整数部分を a, 小数部分を b とするとき, a^2-ab+b^2 の値を求めなさい。〔日本大第二高〕

(3) $\dfrac{x-\sqrt{2}}{1+\sqrt{2}}+\dfrac{x+\sqrt{2}}{1-\sqrt{2}}$ を簡単にしなさい。　　　　　　〔慶應義塾高〕

1 (2) 自然数 A の十の位の数字を x, 一の位の数字を y とすると, $A=10x+y$, $B=10y+x$
(4) $(\sqrt{2x}+\sqrt{3y})^2=2x+2\sqrt{6xy}+3y$ より, $\sqrt{6xy}$ が自然数になればよい。
4 (1) $a+b=\sqrt{14}$, $a-b=\sqrt{10}$ の両辺をそれぞれ 2 乗する。

7 2次方程式の解き方

重要点をつかもう

1 2次方程式と解

$ax^2+bx+c=0$ $(a \neq 0)$ の形で表される方程式を，x についての**2次方程式**といい，2次方程式を成り立たせる x の値を，その2次方程式の**解**という。

2 因数分解による解き方

① 2数を A，B とするとき，$AB=0$ **ならば** $A=0$ **または** $B=0$

② $(x+a)(x+b)=0$ の解 → $x+a=0$ または $x+b=0$

$\qquad\qquad\qquad\qquad$ → $x=-a, \ -b$

3 平方根の考えを使った解き方

① 2次方程式 $x^2=a$ の解 → $x=\pm\sqrt{a}$ $(a \geq 0)$

② 2次方程式 $a(x+m)^2=n$ の解 →$(x+m)^2=\dfrac{n}{a}$ $\left(\dfrac{n}{a} \geq 0\right)$ → $x=-m\pm\sqrt{\dfrac{n}{a}}$

4 解の公式による解き方

2次方程式 $ax^2+bx+c=0$ の解は，$x=\dfrac{-b\pm\sqrt{b^2-4ac}}{2a}$ ……**解の公式**

Step 1 基本問題

解答▶別冊21ページ

1 ［2次方程式の解］次の方程式のうち，$x=2$ が解であるものはどれか，記号で答えなさい。

ア $x^2-4x+4=0$　　　　イ $(x+3)(x-1)=0$

ウ $x(x-2)=0$　　　　エ $(x-4)^2=0$

 2 ［因数分解の利用］次の方程式を解きなさい。

(1) $(x-5)(x+3)=0$　　　　(2) $x^2-7x=0$

(3) $x^2+7x+12=0$　　〔長崎〕　(4) $x^2-8x+15=0$　　　　〔徳島〕

(5) $x^2-7x-8=0$　　〔富山〕　(6) $x^2+10x+25=0$　　　　〔東京〕

Guide

くわしく　因数分解による解き方

「$AB=0$ ならば，$A=0$ または $B=0$」を利用して，

▶$x^2+px+q=0$

$\quad$→ $(x+a)(x+b)=0$

$\quad$→ $x=-a, \ -b$

▶$x^2+ax=0$

$\quad$→ $x(x+a)=0$

$\quad$→ $x=0, \ -a$

▶$(x+a)^2=0$

$\quad$→ $x=-a$（**重解**という）

3 [因数分解の利用] 次の方程式を解きなさい。

(1) $x^2+8x-1=2x-6$　〔三　重〕　(2) $(x-1)(x+2)=-3x+10$

〔長　崎〕

重要 **4** [平方根の考えを使った解き方] 次の方程式を解きなさい。

(1) $x^2=25$　　　　　　　(2) $6x^2=24$

(3) $(x+2)^2=36$　〔東　京〕　(4) $(x+5)^2=7$　〔神奈川〕

(5) $(x-6)^2=13$　〔広　島〕　(6) $2(x+8)^2-16=0$

重要 **5** [解の公式の利用] 次の方程式を解きなさい。

(1) $x^2-5x+1=0$　　　　(2) $x^2+3x-6=0$

(3) $2x^2+7=9x$　　　　　(4) $3x^2+4x=2$

6 [いろいろな2次方程式] 次の方程式を解きなさい。

(1) $(x+1)(x-3)=-3$　〔徳　島〕　(2) $(x-1)^2=4$　〔宮　崎〕

(3) $x^2-16=5x$　　　　　(4) $(x-1)^2=2x+6$　〔石　川〕

 平方根の考えを使った解き方

▶ $x^2=a$
→ $x=\pm\sqrt{a}$
▶ $ax^2=b$
→ $x=\pm\sqrt{\dfrac{b}{a}}$
▶ $(x+m)^2=n$
→ $x=-m\pm\sqrt{n}$
▶ $a(x+m)^2=n$
→ $x=-m\pm\sqrt{\dfrac{n}{a}}$

注意

$(x-3)^2=5$ は平方根の考えで，$x-3=\pm\sqrt{5}$
しかし，$(x-3)^2=5x$ は $x-3=\pm\sqrt{5x}$ としてはいけない。

確認 いろいろな2次方程式

複雑な2次方程式は，$ax^2+bx+c=0$ の形に整理して，因数分解ができるかどうかを考える。できなければ解の公式を用いて解く。

Step ② 標準問題

解答▶別冊22ページ

1 次の方程式のうち，$x=-3$ が解であるものはどれか，記号で答えなさい。(6点)

ア $(x+3)(x-4)=0$　　　　イ $x^2+2x-15=0$

ウ $x(x-1)=5x+6$　　　　エ $2x^2+10x+11=-2x-7$

2 次の方程式を，因数分解を利用して解きなさい。(4点×4)

(1) $x^2+8x-20=0$　　　〔宮　崎〕　(2) $2x^2=x^2+4x-4$　　　　　　　　　〔清風高〕

(3) $(x-3)(x+4)=2x$　　〔土浦日本大高〕　(4) $(x-3)^2=-x+15$　　　　　　〔山　形〕

重要 **3** 次の方程式を解きなさい。(4点×6)

(1) $(x-3)(x-4)=2(x^2-9)$　〔福　井〕　(2) $(x+2)^2=7x+4$　　　　　〔奈　良〕

(3) $3x^2-6x-9=0$　　　〔京　都〕　(4) $(2x-5)(x+1)-(x-1)^2=0$　〔同志社高〕

(5) $(2x-1)(x-5)=(x-3)^2+10$　　　(6) $(2x+1)(x-1)-(x+2)(x-1)=0$　〔大　分〕

重要 **4** 次の方程式を，平方根の考えを使って解きなさい。(4点×4)

(1) $9x^2-12=0$ (2) $(x-4)^2=3$ 〔埼 玉〕

(3) $(x-2)^2=6$ 〔京 都〕 (4) $(x+6)^2+1=50$ 〔石 川〕

5 次の方程式を，解の公式を使って解きなさい。(4点×4)

(1) $2x^2-5x+1=0$ 〔近畿大附高〕 (2) $x^2+4x-2=0$ 〔和洋国府台女子高〕

(3) $x^2-x-3=0$ (4) $3x^2-4x+5=2(4x-3)$ 〔桐蔭学園高〕

6 方程式 $(x-3)(x+3)=6x-2$ の解のうち，正のものは，$x=\boxed{}$ である。$\boxed{}$ にあてはまる数を求めなさい。(6点)   〔岡 山〕

重要 **7** 次の方程式を解きなさい。(4点×4)

(1) $-3x^2+9x+84=0$ 〔大阪教育大附高(平野)〕 (2) $(x-2)^2-5(x-2)-6=0$

(3) $\dfrac{1}{6}x^2+\dfrac{7}{2}=\dfrac{5}{3}x$ 〔関西学院高〕 (4) $\dfrac{1}{2}x^2-8=\dfrac{1}{3}(x+1)(x-4)$

★ ★

 ヒント

3 かっこをはずして整理し，$ax^2+bx+c=0$ の形の2次方程式にする。
4 $ax^2=b$，$(x+m)^2=n$ の形にして，平方根の考えを使って解く。
7 (3) 両辺を6倍して，係数を整数にしてから解いていく。

8 2次方程式の利用

重要点をつかもう

1 2次方程式と解

2次方程式 $x^2+ax+b=0$ の1つの解が $x=p$ → x に p を代入して，$p^2+ap+b=0$ を解く。

2 2次方程式の文章題の解き方

① 問題をよく読み，内容をつかむ。

② 何を x で表すかを決め，数量関係を x を使って表す。

③ 問題の中から等しい関係を2次方程式で表す。

④ この2次方程式を解く。

⑤ 2次方程式の解であっても，解が問題の条件に適しているとは限らないので，必ず解が問題に**適しているか**どうか調べて，答えを決める。

Step 1 基本問題

解答▶別冊23ページ

重要 1 ［2次方程式と解］次の問いに答えなさい。

(1) 2次方程式 $x^2+5x+3a=0$ の1つの解が -3 であるとき，a の値を求めなさい。

(2) 2次方程式 $x^2+ax-8=0$ の1つの解が4であるとき，a の値を求めなさい。また，もう1つの解を求めなさい。

2 ［2数の問題］次の問いに答えなさい。

(1) 和が12で，積が32である2つの数を求めなさい。

(2) 大小2つの数がある。その差は7で積は78になるという。この2数を求めなさい。

Guide

解と係数

1つの解がわかっている2次方程式で，係数 a と他の解を求める。

↓

①わかっている解を式に代入する。

②a についての方程式とみて解き，a の値を求める。

③a の値をもとの方程式に代入して他の解を求める。

2(2)で，もし大小2つの「自然数」となっている場合，負の数はあてはまらないので注意すること。

3 [連続する整数の問題] 連続する３つの整数がある。いちばん大きい数の２乗は，他の２数の２乗の和に等しい。これらの３つの数を求めなさい。

🔍 **確認** 連続する３つの整数

▶中央の数を x とすると，
$x-1$, x, $x+1$
▶最小の数を x とすると，
x, $x+1$, $x+2$

重要🗨 **4** [対角線の問題] n 角形の対角線は全部で $\dfrac{n(n-3)}{2}$ 本ひくことができる。

(1) 七角形の対角線は全部で何本ありますか。

(2) 対角線が 35 本ある多角形は何角形ですか。

🎓 **くわしく** n 角形の対角線の数

１つの頂点から $(n-3)$ 本の対角線がひけるが，$n(n-3)$ 本には同じ対角線が２回数えられている。
よって，$\dfrac{n(n-3)}{2}$ 本で表される。

5 [面積の問題] 右の図のように，縦，横がそれぞれ 12 m，15 m の長方形の土地に同じ幅の道路をつけることにした。道路の面積が 50 m² になるようにするには，道路の幅を何 m にすればよいか，求めなさい。

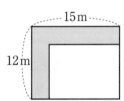

⚠️ **注意**

5や**6**のような長さを求める問題ではそれぞれの変域を考えて，答えを求めること。線分の長さ，面積などは，負の数にはならないことに注意する。

重要🗨 **6** [容積の問題] 右の図のような，縦の長さが横の長さより 8 cm 長い長方形の紙がある。この紙の４すみから１辺が 5 cm の正方形を切り取り，直方体の容器をつくると，容積が 420 cm³ となった。もとの紙の横の長さを求めなさい。

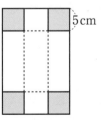

１・２年の復習
第1章
第2章
第3章
第4章
第5章
第6章
第7章
第8章
総仕上げテスト

Step 2 標準問題

解答▶別冊24ページ

1 次の問いに答えなさい。(9点×3)

記述式

(1) 方程式 $x^2+ax+8=0$ の解の1つが4のとき，a の値を求めなさい。また，もう1つの解も求めなさい。計算の過程も書きなさい。　　　　　　　　　　　　　　　　〔秋　田〕

(2) a を正の定数とする。x の2次方程式 $x^2+(2a+1)x-4a^2+2=0$ の解の1つが a であるとき，a の値ともう1つの解を求めなさい。　　　　　　　　　　〔ラ・サール高〕

(3) 2次方程式 $x^2+ax+10=0$ の2つの解がともに整数のとき，a の値をすべて求めなさい。

〔高　知〕

重要 **2** 次の問いに答えなさい。(9点×3)

(1) ある正の数 x に4を加えて2乗するところを，誤って x に2を加えて4倍したため，正しい答えより29小さくなった。この正の数 x を求めなさい。　　　　　　〔千　葉〕

(2) 2けたの自然数がある。この自然数の一の位の数は十の位の数より3小さい。また，十の位の数の2乗は，もとの自然数より15小さい。もとの自然数の十の位の数を a として方程式をつくり，もとの自然数を求めなさい。　　　　　　　　　　　　　　　　　〔栃　木〕

(3) 連続する3つの整数がある。最も大きい数の平方と中央の数の平方の和は最も小さい数の13倍に等しい。このとき，中央の数を求めなさい。　　　　　　　〔和洋国府台女子高〕

3 右のカレンダーで，ある日の数を x とする。x の2乗と，x の真上にある数の2乗の和は，x の右隣にある数の2乗と等しくなる。ある日は何日か求めなさい。(10点) 〔青森〕

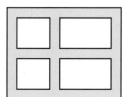

2月						
日	月	火	水	木	金	土
1	2	3	4	5	6	7
8	9	10	11	12	13	14
15	16	17	18	19	20	21
22	23	24	25	26	27	28

重要
4 横が縦より2m長い長方形の土地がある。この土地に，右の図のように同じ幅の道（図の▢▢の部分）をつくり，残った4つの長方形の土地を花だんにする。道幅が1m，4つの花だんの面積の合計が35m² のとき，この土地の縦の長さは何mですか。(10点) 〔愛知〕

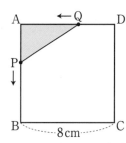

5 ボールを地上から毎秒45mの速さで真上に発射したとき，t 秒後におけるボールの地上からの高さは $(45t-5t^2)$ m と表すことができる。(8点×2) 〔法政大高〕

(1) ボールの地上からの高さが90mとなるのは，発射してから何秒後ですか。

(2) 発射したボールが再び地上に戻ってくるのは，発射してから何秒後ですか。

重要
6 右の図のような正方形 ABCD で，点 P は点 A を出発して AB 上を B まで動く。また，点 Q は点 P が A を出発すると同時に D を出発し，P と同じ速さで DA 上を A まで動く。点 P が A から何 cm 動いたとき，△APQ の面積が 6cm² になるか，求めなさい。(10点)

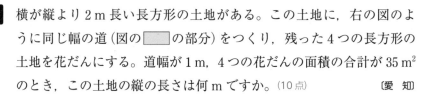

- -

ヒント

3 (1), (2) 1つの解をもとの2次方程式に代入すると，方程式が成り立つ。

4 縦，横の道をすべて左側と上側に集めて考える。

6 AP=x cm とすると，DQ=AP=x cm となり，AQ=$(8-x)$ cm になる。

重要 **1** 次の方程式を解きなさい。(6点×4)

(1) $(2x+1)(x-1)-(x-2)(x+2)-5=0$

(2) $(6x-7)^2-17(6x-7)-60=0$　〔ラ・サール高〕

(3) $\dfrac{(x+1)^2-4}{4}=\dfrac{-(x+1)}{2}$　〔立命館高〕

(4) $\dfrac{(5x-2)^2-1}{2}-\dfrac{(5x+1)(5x-2)+2}{3}=\dfrac{3}{2}$

2 次の問いに答えなさい。(6点×3)

(1) 2次方程式 $16x^2-16x+1=0$ の大きいほうの解を a，小さいほうの解を b とするとき，a^2-b^2 の値を求めなさい。　〔國學院大久我山高〕

(2) 2次方程式 $x^2-ax+2=0$ の1つの解が $x=2-\sqrt{2}$ であるとき，a の値を求めなさい。また，他の解を求めなさい。　〔成城高〕

(3) x の方程式 $x^2-10x+\dfrac{a}{2}=0$ の解が奇数となるような正の整数 a の値をすべて求めなさい。　〔愛光高〕

重要 **3** 長さ 13 cm の線分 AB 上に点 C がある。AC，CB をそれぞれ1辺とする2つの正方形の面積の和は，隣り合う2辺の長さが線分 AC，CB と等しい長方形の面積よりも 49 cm² だけ大きい。AC の長さを求めなさい。ただし，AC>CB とする。(8点)　〔石　川〕

4 正方形の花だんがある。栄二さんたち3人が右の図のように縦と横を
それぞれ3mずつのばして，この花だんを広げた。(10点×2)　〔宮崎〕

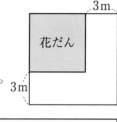

記述式 (1) もとの花だんの1辺の長さを a m として，増えた部分の面積を栄二さ
ん，さやかさん，信男さんの3人がそれぞれ右下の表のように考えた。
この中から1つの式を選び，それはどのような考え方でつくられたも
のかを説明しなさい。

名　前	増えた部分の面積 (m^2)
栄　二	$3a+3(a+3)$
さやか	$3a\times2+3^2$
信　男	$(a+3)^2-a^2$

記述式 (2) 増えた部分の面積が，もとの花だんの面積の3倍になった。
このとき，もとの花だんの1辺の長さを求めなさい。式と計算の過程も書きなさい。

5 右の図のような面積が $11900\ m^2$ の長方形の土地 PQRS がある。こ
の土地の周囲に桜の木を 10 m おきに植えることにした。まず，頂
点 P，Q，R，S に植えて，そのあと，縦，横それぞれ 10 m おきに
植える。P から S までに植えられた桜の木の本数は，P から Q まで
に植えられた桜の木の本数より 10 本多かった。このとき，P から Q までに植えられた桜の
木の本数を x 本として，次の問いに答えなさい。(10点×2)　〔佐賀〕

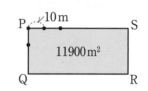

(1) 土地の縦の長さ PQ，横の長さ PS をそれぞれ x を使った式で表しなさい。

(2) P から Q までに植えられた桜の木の本数を求めなさい。

難問 **6** ある製品の価格を x % 値上げすると，売り上げ数量は $\frac{1}{4}x$ % 減少することが予想されている。
値上げ後の売り上げ総額が 14 % の増加となるようにするには，何 % 値上げすればよいです
か。ただし，新しい価格はもとの価格の2倍以上にはしないものとする。(10点)

〔和洋国府台女子高〕

6 もとの価格を a 円，もとの売り上げ数量を b 個とすると，値上げ後の価格は $a\left(1+\dfrac{x}{100}\right)$ 円，
売り上げ数量は $b\left(1-\dfrac{1}{4}x\times\dfrac{1}{100}\right)$ 個である。

1 2年の復習
第1章
第2章
第3章
第4章
第5章
第6章
第7章
第8章
総仕上げテスト

9 関数 $y=ax^2$ とそのグラフ

🎯 重要点をつかもう

1 2乗に比例する関数

y が x の関数で，$y=ax^2\,(a\neq0)$ → y は x の2乗に比例する

└ 比例定数という

例　$y=2x^2$

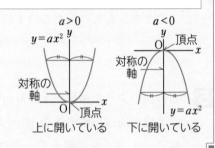

x	……	-1	0	1	2	3	4	……
y	……	2	0	2	8	18	32	……

2 $y=ax^2$ のグラフ

$y=ax^2$ のグラフは，

㋐ **原点**を通る。

㋑ y 軸について**対称**な曲線(放物線という)である。

㋒ **放物線の頂点**は原点である。

$a>0$ 　$y=ax^2$ 　対称の軸 　O 　頂点 　上に開いている

$a<0$ 　頂点 　O 　対称の軸 　$y=ax^2$ 　下に開いている

Step 1 基本問題

解答▶別冊26ページ

1 [関数 $y=ax^2$] 次の場合，x, y の関係を式に表しなさい。また，y が x の2乗に比例するものをいいなさい。ただし，円周率は π とする。

(1) 半径が x cm の円の面積を y cm^2 とする。

(2) 半径が x cm の円の円周を y cm とする。

(3) 直角二等辺三角形の直角をはさむ2辺の長さを x cm，面積を y cm^2 とする。

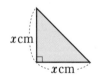

(4) 底面が1辺 x cm の正方形で，高さが9 cm の正四角錐の体積を y cm^3 とする。

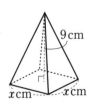

Guide

 2乗に比例する関数

y が x の関数で $y=ax^2$ と表されるとき，y は x の2乗に比例するという。a を比例定数という。

 $y=ax^2$ の関係

▶ $\dfrac{y}{x^2}$ の値は一定で，比例定数 a に等しい。

▶ x の値が2倍，3倍，…になると，y の値は 2^2 倍，3^2 倍，…になる。

重要 **2** ［2乗に比例する関数］y は x の2乗に比例し，$x=3$ のとき $y=-18$ である。　〔福　岡〕

(1) y を x の式で表しなさい。

(2) $x=2$ のときの y の値を求めなさい。

確認 🔍 **2乗に比例する式のつくり方**

① y が x の2乗に比例
　→ $y=ax^2$

② $y=ax^2$ に x，y の値を代入して，a の値を求める。

③ $x=p$ のときの y の値
　→ $y=ap^2$

重要 **3** ［$y=ax^2$ のグラフ］次の問いに答えなさい。

(1) 関数 $y=-x^2$ について，下の表の空欄にあてはまる数を書きなさい。

x	-2	-1.5	-1	-0.5	0	0.5	1	1.5	2
y									

(2) 上の表をもとにして，$y=-x^2$ のグラフをかきなさい。

(3) $y=\dfrac{1}{2}x^2$ のグラフをかきなさい。

〔島　根〕

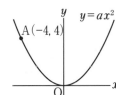

くわしく 🎓 **関数 $y=ax^2$ のグラフ**

▶原点を通る。

▶y 軸について対称な曲線（放物線）である。

▶$a>0$ のとき，上に開いた形になる。

　$a<0$ のとき，下に開いた形になる。

▶a の値の絶対値が大きいほど，グラフの開き方は小さい。

4 ［$y=ax^2$ のグラフ］次の問いに答えなさい。

(1) $y=ax^2$ のグラフ上に点 A$(-4,\ 4)$ があるとき，a の値を求めなさい。　〔島　根〕

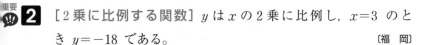

(2) 直線 $y=-2$ が，$y=ax^2$ のグラフと交わる1つの点の座標が $(3,\ -2)$ であるという。a の値ともう1つの交点の座標を求めなさい。

くわしく 🎓 **関数 $y=ax^2$ のグラフ上の点**

$y=ax^2$ のグラフ上に点 A$(p,\ q)$ があるとき，$x=p$，$y=q$ を代入して，

$q=ap^2$　$a=\dfrac{q}{p^2}$

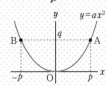

【 月 日】

時間 **30**分　合格点 **80**点　得点 点

解答▶別冊26ページ

1 次の**ア**〜**エ**のそれぞれの場合について，y を x の式で表したとき，y が x の 2 乗に比例するものを 1 つ選び，その記号を書きなさい。(10点)　〔山 梨〕

ア 底辺の長さを x cm，高さが 6 cm の平行四辺形の面積を y cm^2 とする。

イ 直角二等辺三角形の等しい辺の長さを x cm，面積を y cm^2 とする。

ウ 面積が 18 cm^2 の長方形の縦の長さを x cm，横の長さを y cm とする。

エ 立方体の 1 辺の長さを x cm，体積を y cm^3 とする。

重要 **2** 次の問いに答えなさい。(8点×2)

(1) y は x の 2 乗に比例し，$x=3$ のとき $y=-54$ である。x と y の関係を式に表しなさい。　〔福 井〕

(2) y は x の 2 乗に比例し，$x=-2$ のとき $y=8$ である。$x=-3$ のときの y の値を求めなさい。　〔福 岡〕

3 右の図は 6 つの関数 $y=2x^2$，$y=\dfrac{1}{2}x^2$，$y=x^2$，$y=-2x^2$，$y=-\dfrac{1}{2}x^2$，

$y=-x^2$ をグラフに表したものである。このうち，$y=-\dfrac{1}{2}x^2$ のグラフを図の中の①〜⑥のグラフから選び，番号で答えなさい。(10点)

〔佐 賀〕

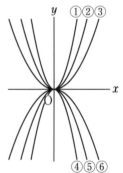

重要 **4** 右の図において，m は $y=ax^2$（a は定数）のグラフを表す。A は m 上の点であり，その座標は $(-3, 4)$ である。B は y 軸上の点であり，その y 座標は 6 である。ℓ は 2 点 A，B を通る直線である。(7点×2)

〔大 阪〕

(1) a の値を求めなさい。

(2) 直線 ℓ の式を求めなさい。

5 右の図のように，関数 $y=\dfrac{2}{3}x^2$ のグラフ上に y 座標が等しい 2 点 A，

B がある。AB$=4$ のとき，点 A の x 座標と y 座標をそれぞれ求めな

さい。ただし，点 B の x 座標は正とする。(10点)　　　　　　〔宮城〕

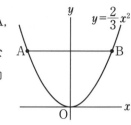

重要 6 右の図において，m は $y=\dfrac{1}{3}x^2$ のグラフを表す。A，B は m 上の点

であり，A の x 座標は -2，B の x 座標は 5 である。ℓ は，2 点 A，B

を通る直線である。(8点×2)　　　　　　　　　　　　　　〔大阪〕

(1) B の y 座標を求めなさい。

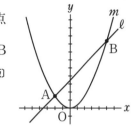

(2) 直線 ℓ の式を求めなさい。

7 右の図のように，関数 $y=x^2$ のグラフ上に 2 点 A，B がある。B の x 座

標は A の x 座標より 6 大きく，B の y 座標は A の y 座標より 8 大きい。

このとき，A の x 座標を求めなさい。(12点)　　　　　　　　〔栃木〕

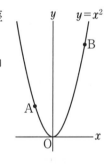

重要 8 右の図のように，関数 $y=ax^2\,(a>0)$ のグラフ上で x 座標が 3 である

点を A とする。また，点 A を通り，y 軸に平行な直線が，関

数 $y=2x-7$ のグラフと交わる点を B とする。AB$=4$ となるときの

a の値を求めなさい。(12点)　　　　　　　　　　　　　　〔栃木〕

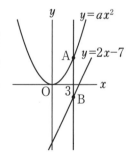

5 $y=ax^2$ のグラフは，a の絶対値が大きいほど開き方が小さくなる。

6 A，B の x 座標 -2，5 を $y=\dfrac{1}{3}x^2$ に代入して y 座標を求めることができる。

8 AB$=4$ より，点 A，B の y 座標を考える。

67

10 関数 $y=ax^2$ の値の変化

🎯 重要点をつかもう

1 $y=ax^2$ の値の変化

① $a>0$ のとき，x の値が増加すると，$x \leqq 0$ の範囲では y の値は減少し，$x \geqq 0$ の範囲では y の値は増加する。$x=0$ で，y は**最小値 0** をとる。

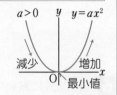

② $a<0$ のとき，x の値が増加すると，$x \leqq 0$ の範囲では y の値は増加し，$x \geqq 0$ の範囲では y の値は減少する。$x=0$ で，y は**最大値 0** をとる。

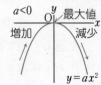

2 $y=ax^2$ の変化の割合

① 変化の割合 $= \dfrac{y \text{ の増加量}}{x \text{ の増加量}}$

② 関数 $y=ax^2$ では，変化の割合は**一定ではない**。

3 $y=ax^2$ のグラフと変域

変域の問題はグラフをかいて考える。

例　$y=\dfrac{1}{4}x^2 \ (-4 \leqq x \leqq 2)$ の y の変域

右の図より，$x=0$ のとき $y=0$ で最小，$x=-4$ のとき $y=4$ で最大

よって，$0 \leqq y \leqq 4$

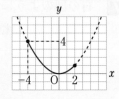

Step 1 基本問題

解答▶別冊27ページ

重要 1 [$y=x^2$ の値の変化] $y=x^2$ について，次の問いに答えなさい。

(1) $x=-2$ のとき，y の値はいくらか，求めなさい。

(2) x の変域が $2 \leqq x \leqq 3$ のとき，y の変域を求めなさい。

(3) x の変域が $-2 \leqq x \leqq 3$ のとき，y の変域を求めなさい。

(4) x が 3 から 4 まで増加するとき，変化の割合を求めなさい。

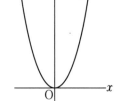

Guide

確認 関数 $y=ax^2$ の y の値の変化

▶ $a>0$ のとき，

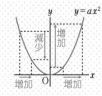

▶ $a<0$ のとき，

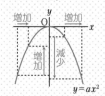

重要 **2** [変化の割合] 次の関数について，x の値が -3 から 1 まで増加するときの変化の割合を求めなさい。

(1) $y=3x^2$ (2) $y=-x^2$

重要 **3** [x の変域と y の変域] 次のそれぞれの関数の y の変域を求めなさい。

(1) $y=x^2$ $(-3\leqq x\leqq -1)$ (2) $y=-2x^2$ $(-2\leqq x\leqq 4)$

4 [平均の速さ] ある斜面にボールを転がすとき，x 秒間に転がる距離を y m とすると，$y=\dfrac{1}{2}x^2$ という関係がある。

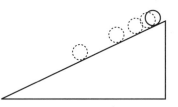

(1) 転がり始めてから 4 秒後までの平均の速さを求めなさい。

(2) 転がり始めて 4 秒後から 8 秒後までの平均の速さを求めなさい。

5 [変化の割合を求める式] 関数 $y=ax^2$ において，x の値が $x=p$ から $x=q$ まで増加するときの変化の割合について，次の問いに答えなさい。

(1) y の値の増加量を a, p, q を使って表しなさい。

(2) 変化の割合を a, p, q を使って表しなさい。

 関数 $y=ax^2$ の変化の割合

① 1 次関数 $y=ax+b$ の変化の割合は一定で，x の係数 a に等しい。
② 関数 $y=ax^2$ の変化の割合は一定ではない。

例 $y=x^2$ の変化の割合

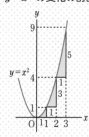

x が 0 から $1 \rightarrow \dfrac{1}{1}=1$

x が 1 から $2 \rightarrow \dfrac{3}{1}=3$

x が 2 から $3 \rightarrow \dfrac{5}{1}=5$

 $y=x^2$ のグラフと変域

$0<p<q$ のとき，

▶ x の変域が $p\leqq x\leqq q$ のとき，y の変域は $p^2\leqq y\leqq q^2$

▶ x の変域が $-p\leqq x\leqq q$ のとき，y の変域は $0\leqq y\leqq q^2$

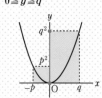

1 2 年の復習
第 1 章
第 2 章
第 3 章
第 4 章
第 5 章
第 6 章
第 7 章
第 8 章
総仕上げテスト

解答▶別冊28ページ

1 関数 $y=-x^2$ について正しく述べたものを，次の**ア～オ**のうちからすべて選び，記号で答えなさい。(5点)　　〔千 葉〕

ア y は x に比例する。

イ グラフは放物線で，下に開いている。

ウ グラフは，点 $(3, -6)$ を通る。

エ x の値が 2 から 4 まで増加するときの変化の割合は -6 である。

オ x の変域が $-5 \leqq x \leqq 1$ のときの y の変域は $-25 \leqq y \leqq -1$ である。

2 次の問いに答えなさい。(8点×2)　　〔福 島〕

(1) 関数 $y=x^2$ について，x の変域が $-1 \leqq x \leqq 3$ のとき，y の変域を求めなさい。

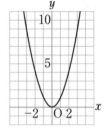

(2) 関数 $y=ax^2$ において，x の値が 2 から 4 まで増加するときの変化の割合は 2 である。このとき，a の値を求めなさい。

重要 **3** 次の問いに答えなさい。(8点×3)

(1) 関数 $y=-\dfrac{1}{2}x^2$ について，x の値が 2 から 4 まで増加するときの変化の割合を求めなさい。
〔神奈川〕

(2) 関数 $y=x^2$ について，x が a から $a+2$ まで増加するときの変化の割合が 5 である。このとき，a の値を求めなさい。
〔長 崎〕

(3) 2 つの関数 $y=ax^2$ と $y=4x+1$ について，x の値が 1 から 5 まで増加するときの 2 つの関数の変化の割合が等しい。このとき，定数 a の値を求めなさい。
〔岡 山〕

1 2年の復習

第 1 章

第 2 章

第 3 章

第 4 章

第 5 章

第 6 章

第 7 章

第 8 章

総仕上げテスト

重要
4 次の関数について，x の変域が $-2 \leqq x \leqq 1$ のとき，y の変域を求めなさい。(5点×3)

(1) $y = 3x^2$ 〔新 潟〕 (2) $y = -x^2$ 〔長 崎〕 (3) $y = \dfrac{1}{2}x^2$

重要
5 関数 $y = ax^2$ について，x の変域が $-3 \leqq x \leqq 2$ のとき，y の変域は $b \leqq y \leqq 4$ である。このとき，a，b の値をそれぞれ求めなさい。(10点) 〔高 知〕

6 駅を出発した列車がまっすぐな線路上を一定の割合で加速しながら走行しているとき，列車が駅を出発してから x 秒後に走行した距離を y m とすると，y は x の 2 乗に比例し，$x = 6$ のとき $y = 9$ であった。(10点×2) 〔京 都〕

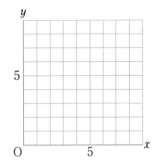

(1) y を x の式で表しなさい。また，x と y の関係を表すグラフをかきなさい。

(2) $x = 14$ から $x = 18$ までの，この列車の平均の速さは秒速何 m かを求めなさい。

7 2つの関数 $\begin{cases} y = ax^2 & \cdots\cdots ① \\ y = -2x + b & \cdots\cdots ② \end{cases}$ について，$-2 \leqq x \leqq 1$ における y の変域(値域)が①と②で一致するとき，定数 a，b の値を求めなさい。ただし，$x = -2$ と $x = 1$ で①と②は交わっていないものとする。(10点) 〔京都市立西京高〕

ヒント

5 x の変域が $-3 \leqq x \leqq 2$ なので，y の変域にも 0 が含まれる。

6 平均の速さは，変化の割合と同じになる。

7 $a > 0$ のときと $a < 0$ のときに場合分けしてから考える。

11 放物線と図形

⊙◄ 重要点をつかもう

1 放物線と直線，三角形

右のグラフにおいて，直線 $y=mx+n$ と放物線
$y=ax^2$ のグラフとの交点を A，B とするとき，

①直線 AB の式を求める

$y=mx+n$ に2点 A，B の座標を代入して，m，n の値を求める。

②三角形の面積を求める

$$\triangle AOB = \triangle AOC + \triangle BOC = \triangle CDE = \frac{DE \times CO}{2}, \quad \triangle BOF = \frac{FO \times BE}{2}$$

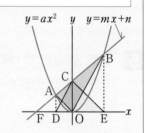

2 放物線と図形(四角形)

平行四辺形や長方形，正方形などの性質を利用して，点の座標，辺の長さ，面積を求める。

Step 1 基本問題

解答▶別冊29ページ

重要 **1** [放物線と直線] 右の図のように，放
物線 $y=x^2$ と直線 $y=x+a$ が2点 A，
B で交わっている。点 B の x 座標が2
であるとき，次の問いに答えなさい。

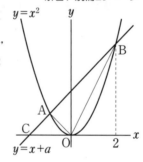

(1) a の値を求めなさい。

(2) 点 A の座標を求めなさい。

(3) 直線 $y=x+a$ が x 軸と交わる点を C とするとき，$\triangle BCO$，
$\triangle AOB$ の面積をそれぞれ求めなさい。

(4) 点 A を通り，$\triangle AOB$ の面積を2等分する直線の式を求めなさ
い。

Guide

くわしく　放物線と直線

放物線 $y=ax^2$ と
直線 $y=mx+n$ の交点P，
Q の x 座標は，

連立方程式 $\begin{cases} y=ax^2 \\ y=mx+n \end{cases}$

つまり，
2次方程式 $ax^2=mx+n$
→ $ax^2-mx-n=0$ の解であ
る。

確認　三角形の2等分

三角形の頂点を通り，面積を
2等分する直線は，対辺の中
点を通る。

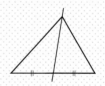

2 [放物線と三角形] 右の図のように，関数 $y=\dfrac{1}{4}x^2$ のグラフがある。また，点 A(1, 5)，B(7, 5) がある。点 P は $y=\dfrac{1}{4}x^2$ のグラフ上にあるものとする。

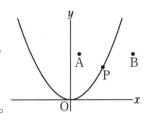

〔和歌山〕

(1) P の x 座標が 4 のとき，y 座標を求めなさい。

(2) △PAB の面積が 12 となる P の座標をすべて求めなさい。

3 [放物線と正方形] 右の図のように，関数 $y=ax^2$ のグラフ上に 2 点 A，B，y 軸上に 2 点 C，D があり，四角形 ADBC は正方形である。正方形 ADBC の対角線の長さが 8，点 D の y 座標が -2 のとき，a の値を求めなさい。ただし，$a>0$ とする。〔広　島〕

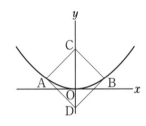

重要 💧 **4** [放物線と長方形] 右の図で，点 O は原点であり，放物線①は関数 $y=ax^2$ のグラフで，$a>0$ である。放物線②は関数 $y=2x^2$ のグラフである。長方形 ABCD の頂点 A は放物線①上の点で，その x 座標は -2 である。また，頂点 B は放物線①上の点，頂点 C，D は放物線②上の点であり，辺 AB，辺 DC はそれぞれ x 軸に平行である。このとき，点 O と点 A，点 O と点 B をそれぞれ結び，長方形 ABCD の面積が，△OAB の面積の 5 倍になるとき，a の値を求めなさい。

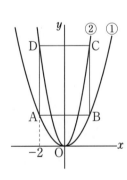

〔香川－改〕

1・2年の復習
第1章
第2章
第3章
第4章
第5章
第6章
第7章
第8章
総仕上げテスト

🔍 **確認** 放物線と三角形

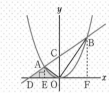

▶ △AOB
＝△AOC＋△BOC
このとき，OC を底辺とすれば，高さは，それぞれ点 A，B の x 座標の絶対値である。

$$△AOB=\dfrac{CO(EO+FO)}{2}$$

▶ $△AOD=\dfrac{DO×AE}{2}$

🎓 **くわしく** 四角形の 2 等分

平行四辺形や正方形などを 2 等分する直線は，**対角線の交点を通ればよい。**

▶ 平行四辺形

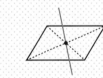

▶ 正方形

時間 35分　合格点 80点　得点　　点

【　　月　　日】

解答▶別冊30ページ

1 右の図で，O は原点，点 A，B は関数 $y=ax^2$（a は定数）のグラフ上の点，点 C は直線 BA と x 軸との交点である。点 A の座標が $(-2,\ 2)$，$\triangle$BAO の面積が $\triangle$ACO の面積の 3 倍である。ただし，点 B の x 座標は正とする。(6点×2)　　　　　〔愛　知〕

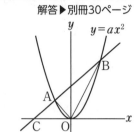

(1) a の値を求めなさい。

(2) 直線 BA の式を求めなさい。

2 右の図のように，関数 $y=ax^2$ のグラフ上に 2 点 A(2, 1)，B($-6,\ b$) があり，点 A から y 軸に垂線 AC をひく。また，AC の延長とこのグラフとの交点を D とする。(6点×3)　　　　　〔兵　庫〕

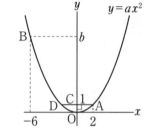

(1) a，b の値を求めなさい。

(2) $\triangle$ABC の面積を求めなさい。

(3) この関数のグラフ上で，点 A と点 B の間に点 P をとり，$\triangle$ABC の面積と $\triangle$APD の面積が等しくなるようにする。このとき，点 P の x 座標を求めなさい。

重要 **3** 右の図で，放物線は関数 $y=\dfrac{1}{4}x^2$ のグラフであり，点 O は原点である。点 A は放物線上の点であり，その座標は $(6,\ 9)$ である。点 P は放物線上を動く点であり，その x 座標は負の数である。また，四角形 OAQP が線分 OA，OP を 2 辺とする平行四辺形となるように点 Q をとる。(7点×2)　　　　　〔奈良－改〕

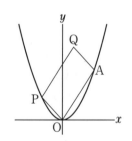

(1) 点 Q が y 軸上にあるとき，点 P の座標を求めなさい。

(2) 点 P の座標が $(-4,\ 4)$ であるとする。x 軸上に点 R をとる。$\triangle$OAR の面積と $\triangle$OAQ の面積が等しくなるとき，点 R の x 座標をすべて求めなさい。

4 右の図のように，関数 $y=ax^2$ のグラフと直線 ℓ が，2点 A，B で交わり，点 A の x 座標は -2，点 B の座標は $(4, -8)$ で，さらに，線分 OB を1辺とする正方形 OCDB をかいたものである。

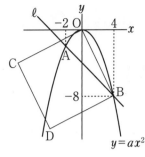

(8点×3) 〔宮崎－改〕

(1) a の値を求めなさい。

(2) $\triangle$OAB の面積を求めなさい。

(3) 点C，点D の座標をそれぞれ求めなさい。

重要 **5** 右の図のように，放物線 $y=x^2$ 上に2点 A と B を，放物線 $y=-\dfrac{1}{2}x^2$ 上に2点 C と D をとる。ただし，線分 AB と線分 CD は x 軸に平行で，線分 AD と線分 BC は y 軸に平行である。

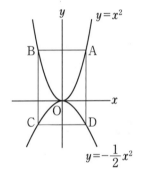

(8点×4) 〔沖縄－改〕

(1) 点 A の x 座標が2のとき，
①点 A の y 座標を求めなさい。

②点 $(1, 3)$ を通り，四角形 ABCD の面積を2等分する直線の式を求めなさい。

(2) 点 A の x 座標を a (ただし，$a>0$) とするとき，
①線分 AD の長さを a を用いた式で表しなさい。

②四角形 ABCD が正方形となるような a の値を求めなさい。

ヒント

4 $\triangle$ACO：$\triangle$BAO$=1:3$ より，$\triangle$ACO：$\triangle$BCO$=1:4$ である。
底辺を CO とすると，高さの比が $1:4$ になる。

5 (2) A(a, a^2)，D$\left(a, -\dfrac{1}{2}a^2\right)$，AD$=$(A の y 座標)$-$(D の y 座標) で求める。

解答▶別冊31ページ

重要 **1** 右の図のように，関数 $y=\dfrac{1}{2}x^2$ 上に 2 点 A$(-4,\ 8)$，B$(2,\ 2)$ が

ある。(7点×4) 〔同志社高〕

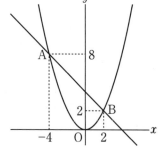

(1) 直線 AB の方程式を求めなさい。

(2) △ABO の面積を求めなさい。

(3) この放物線上に，原点と異なる点 P をとると，△ABO と △ABP の面積が等しくなった。
このとき点 P の座標を求めなさい。ただし，P は x 座標が -4 以上 2 以下の点とする。

(4) △ABQ の周の長さが最小になるような x 軸上の点 Q の座標を求めなさい。

2 右の図のように，関数 $y=ax^2$ ……① のグラフ上に，2 点 A，B
があり，点 A の座標は $(-2,\ 6)$，点 B の x 座標は 1 である。原点
O を通る直線 OB 上に点 C をとり，関数①のグラフ上に点 D をとる。
四角形 ABCD が平行四辺形であるとき，次の問いに答えなさい。

(6点×4)〔国立高専－改〕

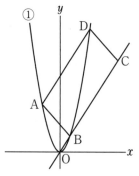

(1) a の値を求めなさい。

(2) 直線 AB の式を求めなさい。

(3) 点 C の座標を求めなさい。

(4) 座標の 1 目盛りを 1 cm とするとき，平行四辺形 ABCD の面積を求めなさい。

3 右の図のように，放物線 $y=ax^2$ が直線 ℓ と 2 点 A，B で交わり，点 A の座標を $(-4, 4)$，点 B の x 座標を 6 とする。直線 ℓ 上の $0<x<6$ の部分を動く点 P があり，点 P を通り y 軸に平行な直線と放物線の交点を Q とする。(6点×4)

〔福岡大附属大濠高−改〕

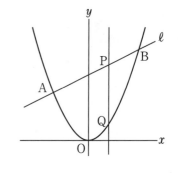

(1) 直線 ℓ の方程式を求めなさい。

(2) $\triangle$APQ と $\triangle$BPQ の面積比が $3:2$ であるとき，点 P の x 座標を求めなさい。

(3) 点 P の x 座標を t $(0<t<6)$ とする。点 Q を通り x 軸に平行な直線が放物線と再び交わる点を R とするとき，点 R の座標を t を使って表しなさい。

(4) (3)のとき，線分 QP と線分 QR の長さが等しくなるような t の値を求めなさい。

4 右の図のように，放物線 $y=ax^2$ …① と直線 $y=mx+n$ …② が 2 点 A，B で交わっている。2 点 A，B の x 座標はそれぞれ -1，2 であり，$\triangle$OAB の面積は $\dfrac{9}{2}$ である。ただし，a，m，n はいずれも正の数である。(8点×3)

〔城北高(東京)〕

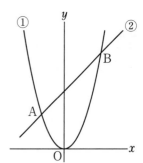

(1) a の値を求めなさい。

(2) m の値を求めなさい。

難問
(3) 放物線①上に原点 O と異なる点 C をとり，$\triangle$ABC の面積が $\dfrac{9}{2}$ になるようにする。このとき，点 C の x 座標をすべて求めなさい。

ヒント

■ (4) x 軸について B と線対称な点を B′ とする。直線 AB′ と x 軸との交点が Q である。

■ (2) $\triangle$APQ と $\triangle$BPQ は底辺が PQ で共通である。

■ (3) 条件を満たすような点 C は，放物線上に原点 O 以外で 3 か所ある。

1・2年の復習
第1章
第2章
第3章
第4章
第5章
第6章
第7章
第8章
総仕上げテスト

12 相似な三角形

🎯 **重要点をつかもう**

1 相似な図形

・図形を拡大・縮小してできる図形は，もとの図形と**相似である**という。相似な図形では，対応する線分の長さの比と対応する角の大きさが等しい。

・相似な2つの図形で，対応する辺の長さの比を**相似比**という。

2 三角形の相似条件

次の条件のどれか1つが成り立てば，△ABC∽△A′B′C′ がいえる。

① 3組の辺の比がすべて等しい。

$a : a′ = b : b′ = c : c′$

② 2組の辺の比とその間の角がそれぞれ等しい。

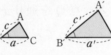

例　$a : a′ = c : c′$
　　$∠B = ∠B′$

③ 2組の角がそれぞれ等しい。

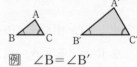

例　$∠B = ∠B′$
　　$∠C = ∠C′$

Step 1 基本問題

解答▶別冊33ページ

1 [相似な三角形] 下の図の中から，相似な三角形の組を選び，記号で答えなさい。また，そのときに用いた相似条件をいいなさい。

2 [相似の証明] 右の図のように，線分AB，CD が点Oで交わり，AO：BO＝1：2，CO：DO＝1：2である。このとき，△AOC∽△BOD を証明しなさい。

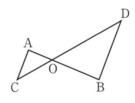

Guide

くわしく 相似の証明

証明に使う相似条件は「2組の角がそれぞれ等しい」が最も多く，次に「2組の辺の比とその間の角がそれぞれ等しい」である。

なお，直角三角形や二等辺三角形は相似になりやすいので注意すること。

重要 **3** [直角三角形の相似] 右の図のように，
直角三角形 ABC の直角の頂点 A から，
斜辺 BC に垂線 AD をひく。

(1) △ABC∽△DBA を証明しなさい。

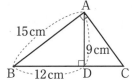

15cm
9cm
B 12cm D C

(2) AC，CD の長さをそれぞれ求めなさい。

重要 **4** [三角形の相似] 右の図で，∠ACB＝
∠AED である。

(1) △ADE∽△ABC を証明しなさい。

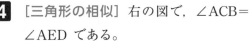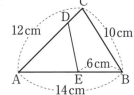

C
D
12cm 10cm
6cm
A E B
14cm

(2) DE の長さを求めなさい。

5 [三角形の相似] 右の図で，△ABC は
AB＝AC の二等辺三角形であり，D は辺
BC の中点である。辺 AC 上に BE⊥AC と
なる点 E をとる。

(1) △ABD∽△BCE を証明しなさい。

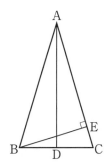

A
E
B D C

(2) AB＝8 cm，BC＝4 cm のとき，AE の長さを求めなさい。

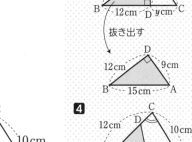

注意
相似な 2 つの三角形が重なっ
ているときは，対応する辺が
平行になるように抜き出すと
よい。

3
15cm $x$cm
9cm
B 12cm D $y$cm C
抜き出す
D
12cm 9cm
B 15cm A

4
C
12cm D 10cm
A 8cm E B
抜き出す
E
8cm $x$cm
A D

確認 相似比の利用

△ABC∽△PQR のとき，
AB：PQ＝BC：QR＝CA：RP
が成り立つ。
求めたい線分の長さを x と
おいて，比例式をつくり，そ
れを解くことで長さを求める
ことができる。

1 2年の復習
第1章
第2章
第3章
第4章
第5章
第6章
第7章
第8章
総仕上げテスト

Step ② 標準問題

解答▶別冊33ページ

1 次の問いに答えなさい。(10点×3)

重要 (1) 右の図において，x の値を求めなさい。 〔駿台甲府高〕

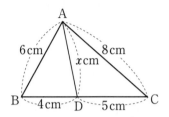

重要 (2) 1辺が 30 cm の正三角形 ABC がある。右の図のように，正三角形 ABC を辺 AB 上の点 D と辺 AC 上の点 E を結ぶ線分で折り曲げたところ，頂点 A が辺 BC 上の点 F と重なった。BF＝6 cm，DB＝16 cm のとき，EF の長さを求めなさい。

〔立命館高〕

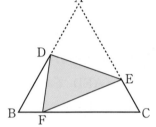

(3) 右の図のような長方形 ABCD から AB を1辺とする正方形 ABEF を切り取ったとき，残った長方形 ECDF がもとの長方形 ABCD と相似になった。BC＝4 のとき，AB の長さを求めなさい。

〔光泉カトリック高〕

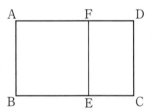

2 右の図の四角形 ABCD で，点 A を通り辺 DC に平行な直線と辺 BC との交点を E とする。AE＝16 cm，ED＝12 cm，DC＝9 cm である。 〔岐　阜〕

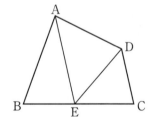

(1) △AED∽△EDC であることを証明しなさい。(10点)

(2) AD＝2BE のとき，次の問いに答えなさい。(5点×2)

　　① EC の長さは BE の長さの何倍であるかを求めなさい。

　　②台形 AECD の面積は △ABE の面積の何倍であるかを求めなさい。

3 右の図のように，AB＝AC の二等辺三角形 ABC の辺 BC 上に点 P をとり，線分 AP を折り目として折り曲げる。頂点 B が移った点を B′，線分 PB′ と辺 AC との交点を Q とし，∠PAC＝∠CAB′ となるように折り曲げたとき，次の問いに答えなさい。(10点×2)　〔福 井〕

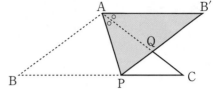

(1) △APC∽△PQC であることを証明しなさい。

(2) BA＝BP となるとき，∠ABC の大きさを求めなさい。

重要
4 右の図の三角形 ABC において，点 D は辺 AB 上の点であり，AB＝AC，AD＝CD＝CB である。(10点×2)　〔群 馬〕

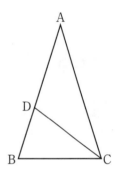

(1) 三角形 ABC と三角形 CBD が相似であることを証明しなさい。

(2) AD＝2 cm とするとき，辺 AB の長さを求めなさい。

5 右の図のように，長方形 ABCD の辺 AD 上に点 P をとり，BQ⊥CP となる線分 CP 上の点を Q とする。このとき，△BCQ∽△CPD を証明しなさい。(10点)　〔滋 賀〕

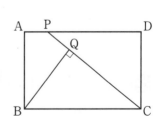

- -

ヒント

1 (3) 長方形 ECDF∽長方形 ABCD だから，EC：AB＝EF：AD が成り立つ。

2 (2) ② △AED：△EDC＝16：9 より，△AED＝16S として，他の図形の面積を S で表す。

4 (2) AB＝x cm とすると，BD＝$(x-2)$ cm　相似比を利用して x についての方程式をつくる。

13 平行線と線分の比

重要点をつかもう

1 平行線と線分の比

BC∥DE, a∥b∥c ならば，次のことが成り立つ。

 ㋐　 ㋑　 ㋒　 ㋓

AD：AB＝AE：AC＝DE：BC　　　AD：DB＝AE：EC　　　$x:y=x':y'$

2 中点連結定理

△ABC において AM＝MB，AN＝NC のとき，次のことが成り立つ。

・MN∥BC

・MN＝$\frac{1}{2}$BC

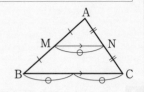

Step 1 基本問題

解答▶別冊35ページ

重要 1 ［三角形と比］下の図で，DE∥BC とするとき，x，y の値を求めなさい。

(1)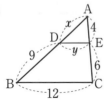

(2)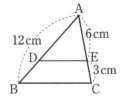

2 ［三角形と比］右の図の △ABC で，DE∥BC である。

(1) DE：BC を求めなさい。

(2) DB の長さを求めなさい。

Guide

確認 三角形と比

AD：AB＝AE：AC
＝DE：BC

AD：DB＝AE：EC

注意

上の比で㋐と㋒を混同しないように注意する。

DE：BC
＝~~AD：DB~~
＝AD：AB

重要 **3** [平行線と比] 下の図で，直線 a, b, c は平行である。x の値を求めなさい。

(1)
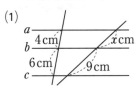

(2)
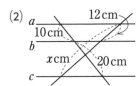

4 [中点連結定理の証明] △ABC の辺 AB，AC の中点をそれぞれ D，E とし，線分 DE の延長線上に，DE＝FE となる点 F をとる。

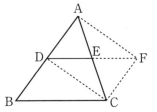

(1) 四角形 ADCF は平行四辺形であることを証明しなさい。

(2) 四角形 DBCF は平行四辺形であることを証明しなさい。

(3) DE∥BC，DE＝$\dfrac{1}{2}$BC であることを証明しなさい。

重要 **5** [中点連結定理の利用] 右の図のように，△ABC の辺 BA を延長し，BA＝AD となる点 D をとり，辺 BC を 3 等分する点を E，F とする。辺 AC と線分 DF の交点を G とするとき，DG の長さを求めなさい。

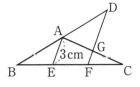

〔青 森〕

1 2 年の復習
第 1 章
第 2 章
第 3 章
第 4 章
第 5 章
第 6 章
第 7 章
第 8 章
総仕上げテスト

確認 平行線と線分の比

平行線に 2 本の直線が交わるとき，平行線によって切り取られる線分の比は等しい。

$\ell \parallel m \parallel n$

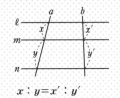

$x : y = x' : y'$

くわしく 中点連結定理

▶三角形の 2 辺の中点を結ぶ線分は，残りの 1 辺に平行で，長さはその半分に等しい。

▶三角形の 1 辺の中点を通り，他の辺に平行な直線は，残りの辺の中点を通る。

確認 平行四辺形になるための条件

①2 組の対辺がそれぞれ平行である。

②2 組の対辺がそれぞれ等しい。

③2 組の対角がそれぞれ等しい。

④対角線がそれぞれの中点で交わる。

⑤1 組の対辺が平行でその長さが等しい。

実際には④と⑤がよく使われる。

Step 2 標準問題

【　　　月　　　日】

| 時間 40分 | 合格点 80点 | 得点 　　　点 |

解答▶別冊35ページ

1 次の問いに答えなさい。(8点×4)

(1) 右の図で，線分 DE と線分 BC が平行であるとき，x の値を求めなさい。　　　　〔沖 縄〕

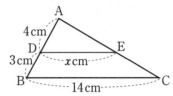

(2) 右の図のように，BC，DE，FG は平行で，FB=12 cm，GE=4 cm，EC=6 cm の △ABC がある。このとき，FD の長さを求めなさい。
　　　　〔長 野〕

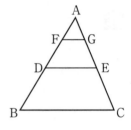

(3) 右の図で，$\ell \parallel m \parallel n$ のとき，x，y の値を求めなさい。〔京都産業大附高〕

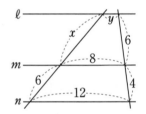

(4) 右の図で，AB∥EF，AC=CE，BD=DF のとき，x の値を求めなさい。　　　　〔神戸第一高〕

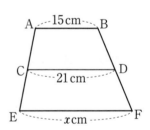

重要 2 右の図で，AB∥CD∥EF，AB=24，CD=12 のとき，次の問いに答えなさい。(6点×3)　　　　〔奈良文化高〕

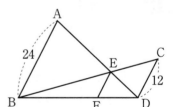

(1) AE：ED を最も簡単な整数の比で求めなさい。

(2) BC：BE を最も簡単な整数の比で求めなさい。

(3) EF の長さを求めなさい。

84

3 右の図において，点 D，E は辺 AB を 3 等分する点，点 F は BC の中点である。点 G は AF と CD の交点である。DG の長さを求めなさい。(9点)　〔龍谷高〕

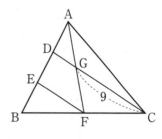

4 右の図のように，四角形 ABCD のそれぞれの辺の中点を P，Q，R，S とし，それらの点を結んで四角形 PQRS をつくる。(8点×2)

(1) 四角形 PQRS は平行四辺形であることを証明しなさい。

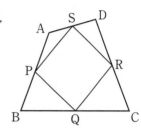

(2) 四角形 PQRS が正方形になるのは，四角形 ABCD がどのような四角形のときか。A，B，C，D の記号を使って説明しなさい。

5 右の図の平行四辺形 ABCD において，BE：EC＝3：2，CF：FD＝2：1 である。(8点×2)　〔高知学芸高〕

(1) AG：GE を求めなさい。

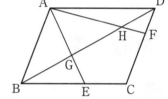

(2) BG：GH：HD を求めなさい。

6 右の図の平行四辺形 ABCD において，AE：EB＝1：2，BF：FC＝2：3 であり，CE と DF の交点を G とする。このとき，DG：GF を求めなさい。(9点)　〔暁　高〕

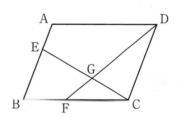

3 DG＝a とおいて，△AEF と △BCD で中点連結定理を使う。

4 (2) 四角形 ABCD の 2 本の対角線 AC，BD の関係がどのようになる場合かを考える。

6 CE の延長と DA の延長との交点を P とし，平行線と線分の比が利用できる形をつくる。

14 相似の利用

1 線分の比と面積の比

①高さの等しい2つの三角形の面積の比は，**底辺の比**に等しい。

②底辺の等しい2つの三角形の面積の比は，**高さの比**に等しい。

③相似な2つの三角形の面積の比は，相似比の**2乗の比**に等しい。

④共通の角をもつ2つの三角形の面積の比は，その角をつくる**2辺の積の比**に等しい。

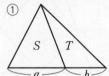
$S:T=a:b$

$S:T=a:b$

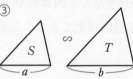
$S:T=a^2:b^2$

$S:T=ab:cd$

2 角の二等分線と線分の比

・右の図で，AD が ∠BAC の二等分線であるとき，

AB：AC＝BD：CD が成り立つ。

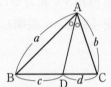
$a:b=c:d$

Step 1 基本問題

解答▶別冊36ページ

1 [線分比と面積比] 右の図で，BD：CD ＝2：3，AE：EC＝1：2，△ABC の面積は 40 cm² である。

(1) △ABD の面積を求めなさい。

(2) △ADE の面積を求めなさい。

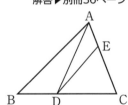

重要 2 [相似な三角形の面積比] 右の図で，AC∥DE，BE：EC＝2：1 である。

(1) AC：DE を求めなさい。

(2) △DBE の面積が 24 cm² のとき，台形 ADEC の面積を求めなさい。

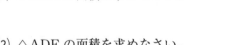

Guide

くわしく 高さの等しい 三角形の面積比

1 △ABD：△ACD＝BD：CD ＝2：3

確認 相似な三角形の 面積比

相似な2つの三角形が重なっているので，抜き出してみる。

2
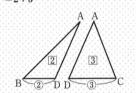

△ABC：△DBE＝3²：2²＝9：4

重要 🔔 **3** [角の二等分線] △ABC において，∠BAC の二等分線が辺 BC と交わる点を D とし，C を通って AD と平行な直線が辺 BA の延長と交わる点を E とする。

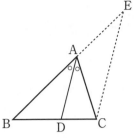

(1) AC＝AE であることを証明しなさい。

(2) AB：AC＝BD：CD となることを証明しなさい。

4 [角の二等分線] AB＝6，BC＝8，CA＝10 である直角三角形 ABC で，∠B の二等分線が辺 AC と交わる点を D，∠C の二等分線が辺 AB と交わる点を E，BD と CE の交点を F とする。

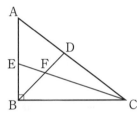

(1) CD の長さを求めなさい。

(2) △FBC の面積を求めなさい。

重要 🔔 **5** [平行四辺形と面積比] 平行四辺形 ABCD の 辺 AD 上 に AE：ED＝2：1 となる点 E をとり，AC と BE の交点を F とする。このとき，四角形 EFCD の面積は，平行四辺形 ABCD の面積の何倍ですか。

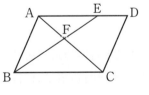

覚える 🔒 相似な立体の体積比

相似な立体の体積比は相似比の 3 乗の比に等しい。

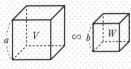

$$V : W = a^3 : b^3$$

確認 🔍 平行四辺形と面積

次のそれぞれの図で，色をぬった部分の面積は，平行四辺形の面積の $\frac{1}{2}$ である。

くわしく 🎓 台形と面積比

台形 ABCD で，AD：BC＝$a：b$ のとき，台形を対角線で分けた 4 つの三角形の面積比は下の図のようになる。

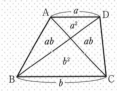

重要 **1** 次の問いに答えなさい。(10点×5)

(1) 右の図で，四角形 ABCD は正方形であり，E は辺 BC 上の点で，BE：EC＝1：3 である。また，F，G はそれぞれ線分 DB と AE，AC との交点である。AB＝10 cm のとき，△AFG の面積を求めなさい。 〔愛知－改〕

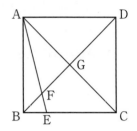

(2) 右の図のように，△ABC があり，辺 AB，辺 AC の中点をそれぞれ L，M とする。また，BM と CL の交点を N とする。このとき，△LMN の面積は △ABC の面積の何倍ですか。 〔和洋国府台女子高－改〕

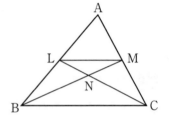

(3) 右の図の平行四辺形 ABCD の面積は 70 cm² である。AC と BP の交点を E とする。AP：PD＝2：3 であるとき，四角形 PECD の面積を求めなさい。 〔法政大第二高〕

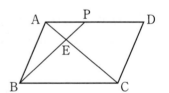

(4) 右の図のような平行四辺形 ABCD がある。辺 AB 上に，AE：EB＝2：1 となるように点 E をとり，AC と DB，DE との交点をそれぞれ F，G とする。このとき，△AEG と △DFG の面積の比を最も簡単な整数の比で表しなさい。 〔和洋国府台女子高〕

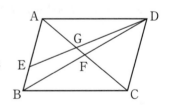

(5) 右の図で，四角形 ABCD は平行四辺形であり，BE：ED＝5：3 である。平行四辺形 ABCD の面積は，△FCG の面積の何倍ですか。 〔同志社国際高〕

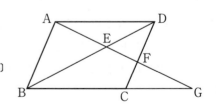

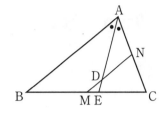

2 右の図のような，AB＝3 cm，AC＝2 cm の △ABC について，∠A の二等分線と辺 BC との交点を E とし，辺 BC，CA の中点をそれぞれ M，N とする。また，線分 AE と線分 MN の交点を D とする。(8点×2)　　　　　　　〔沖縄－改〕

(1) BM：ME を最も簡単な整数の比で表しなさい。

(2) △DME の面積は，△ABC の面積の何倍であるか答えなさい。

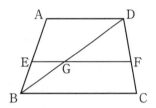

3 右の図のように，AD：BC＝2：3 である台形 ABCD がある。AB 上の 1 点 E から底辺に平行な直線をひき，対角線 BD および CD との交点をそれぞれ G，F とおく。(8点×3)　　〔法政大高〕

(1) AE：EB＝1：1 となるように点 E を定めたとき，EG：GF を最も簡単な整数の比で答えなさい。

(2) EG：GF＝2：1 となるように点 E を定めたとき，AE：EB を最も簡単な整数の比で答えなさい。

(3) (2)のとき，△BEG の面積は △DFG の面積の何倍ですか。

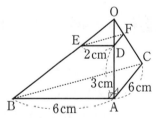

4 右の図のような，∠OAB＝∠OAC＝∠BAC＝90°の三角錐 OABC がある。3 点 D，E，F はそれぞれ辺 OA，OB，OC 上の点で，三角錐 OABC と三角錐 ODEF は相似である。三角錐 OABC を 3 点 D，E，F を通る平面で切って，2 つの立体に分けたとき，点 A を含む立体の体積は何 cm³ か。(10点)　〔香川－改〕

★☆★☆★☆★☆★☆★☆★☆★☆★☆★☆★☆★☆★☆★☆★☆★☆★

1 (1) △AFG＝△ABG－△ABF

2 BE：CE＝AB：AC＝3：2 を使う。

3 (2) B を通り DC と平行な直線と DA の延長線との交点を H として考える。

重要 1 次の問いに答えなさい。(10点×2)

(1) 右の図の正方形 ABCD において，四角形 CEFG の面積を求めなさい。〔中央大杉並高〕

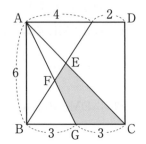

(2) 右の図で，点 D は△ABC の辺 BC の中点，点 E は辺 AC 上にある点で AE：EC＝2：3 である。頂点 A と点 D，頂点 B と点 E をそれぞれ結び，線分 AD と線分 BE との交点を F とする。△BDF の面積は △ABC の面積の何倍ですか。〔都立新宿高〕

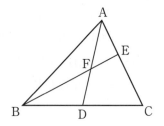

2 右の図のように △ABC の辺 AC 上に点 D をとり，点 D を通り，辺 AB に平行な直線をひき，辺 BC との交点を E とする。△CDE を点 C を中心に回転させた三角形を △CPQ とする。△QBC，△PAC ができるとき，△QBC∽△PAC であることを証明しなさい。(12点) 〔京都教育大附高〕

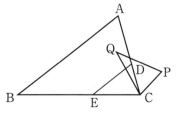

重要 3 右の図のような△ABC において，AF：FB＝2：3，AE：EC＝1：2 である。BE と CF の交点を P とし，AP の延長と BC の交点を D とする。△BPC の面積を 40 としたとき，次の問いに答えなさい。(10点×2) 〔桐蔭学園高－改〕

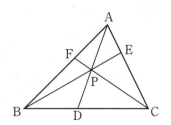

(1) △BPA の面積を求めなさい。

(2) CP：PF を最も簡単な整数の比で表しなさい。

4 右の図のように，AB＝7 cm，AD＝11 cm の平行四辺形 ABCD があり，∠D の二等分線が辺 BC と交わる点を E，点 A を通り直線 DE に垂直な直線をひき，直線 DE，辺 BC，辺 DC の延長と交わる点をそれぞれ F，G，H とする。(8点×3)

〔京都市立堀川高〕

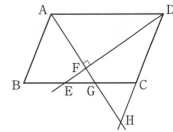

(1) EG の長さを求めなさい。

(2) $\dfrac{FG}{GH}$ の値を求めなさい。

難問 (3) 辺 DC 上に DP＝3 cm となるように点 P をとり，AP と DF の交点を Q とする。△AFQ の面積を S，△DPQ の面積を T とするとき，$\dfrac{T}{S}$ の値を求めなさい。

重要 **5** 右の図のように，街灯 PQ と長方形の板 ABCD がともに水平な地面に垂直に立っている。街灯の先端 P に電球がついており，電球の光によって，地面に板の影 BEFC ができた。AB＝2 m，AE＝3 m，AP＝$\dfrac{9}{2}$ m であり，△QEF の面積が $\dfrac{25}{2}$ m² である。

(8点×3) 〔土浦日本大高〕

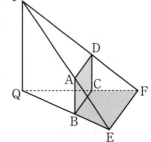

(1) 街灯 PQ の高さは何 m ですか。

(2) 影 BEFC の面積は何 m² ですか。

難問 (3) 板でさえぎられて光の当たらない部分の立体 ABCDEF の体積は何 m³ ですか。

ヒント

3 (1) △BPA：△BPC＝AE：CE である。

4 (1) 点 I を，四角形 AIHD がひし形となるようにとる。

5 (3) PQ 上に RQ＝AB となる点 R をとり，三角錐 P−QEF から余分な部分をひいて求める。

91

15 三平方の定理

重要点をつかもう

1 三平方の定理（ピタゴラスの定理）

① 右の図の直角三角形 ABC において，$a^2+b^2=c^2$ が成り立つ。

② ①の式を変形させて，$c=\sqrt{a^2+b^2}$，$a=\sqrt{c^2-b^2}$，$b=\sqrt{c^2-a^2}$

直角三角形の2辺の長さがわかれば，残りの1辺の長さが求められる。

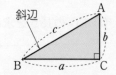

斜辺

2 三平方の定理の逆

右の図の △ABC において，

$a^2+b^2=c^2$ が成り立てば，三角形は c を斜辺とする**直角三角形**である。

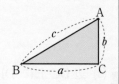

Step 1 基本問題

解答▶別冊39ページ

重要 1 [三平方の定理の証明] 斜辺が c，直角をはさむ2辺が a, b である直角三角形を4つ，図のように並べた。

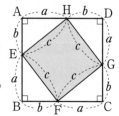

(1) 正方形 ABCD の面積を a, b で表しなさい。

(2) 正方形 ABCD の面積を a，b，c で表しなさい。

(3) $c^2=a^2+b^2$ が成り立つことを証明しなさい。

2 [三平方の定理の証明] 右の図の正方形の面積を利用して，$c^2=a^2+b^2$ が成り立つことを証明しなさい。

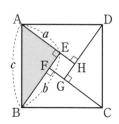

Guide

くわしく　三平方の定理の図形的な意味

直角三角形の直角をはさむ2辺をそれぞれ1辺とする正方形の面積の和は，斜辺を1辺とする正方形の面積に等しい。

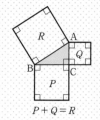

$P+Q=R$

3 [直角三角形の辺] 右の図のように，直角三角形 ABC の直角をはさむ2辺の長さを a，b とし，斜辺の長さを c とする。

(1) $a=4$，$b=3$ のとき，c を求めなさい。

(2) $b=5$，$c=13$ のとき，a を求めなさい。

(3) $a=6$，$c=11$ のとき，b を求めなさい。

重要
4 [直角三角形の辺] 次の直角三角形で，x の値を求めなさい。

(1)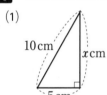

(2)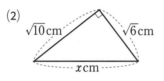

5 [三平方の定理の逆] 次の長さを3辺とする三角形のうち，直角三角形はどれですか。

ア 3 cm，4 cm，$\sqrt{5}$ cm　　　**イ** 8 cm，15 cm，17 cm

ウ 1.8 cm，2.4 cm，3 cm　　　**エ** $\sqrt{2}$ cm，$\sqrt{5}$ cm，$\sqrt{6}$ cm

重要
6 [三角形の辺] 右の図のように，方眼紙にかかれた △ABC がある。

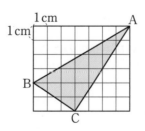

(1) 各辺の長さを求めなさい。

(2) △ABC が直角三角形であるかどうかを調べなさい。

覚える　3辺の長さの比が整数の比になる直角三角形

3辺の長さの比が整数の比になる直角三角形には下の図のようなものがある。

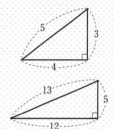

注意

x が直角をはさむ辺か斜辺かをきちんと把握しておく。

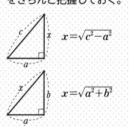

$x=\sqrt{c^2-a^2}$

$x=\sqrt{a^2+b^2}$

確認　三平方の定理の逆

△ABC において，

① $a^2+b^2=c^2$
　ならば，
　∠C=90°

② $a^2+b^2>c^2$
　ならば，
　∠C は鋭角

③ $a^2+b^2<c^2$
　ならば，
　∠C は鈍角

Step ② 標準問題

解答▶別冊39ページ

1 次の直角三角形で，x の値を求めなさい。(5点×6)

(1)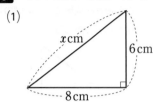

(2)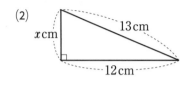

(3)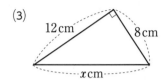

(4)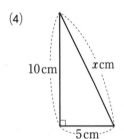

(5)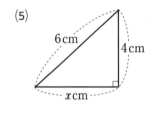

(6)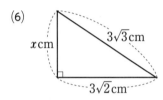

重要 2 次の問いに答えなさい。(6点×3)

(1) 直角三角形の3辺の長さがそれぞれ x，$x+7$，$x+9$ であるとき，x の値を求めなさい。

(2) 右の図で，AC の長さを求めなさい。

〔開明高〕

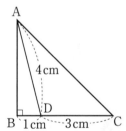

(3) 右の図で，∠ACB＝∠ADE＝90° のとき，AB の長さを求めなさい。

〔智辯学園高〕

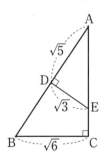

3 右の図で，四角形 ABCD は平行四辺形，∠BAC=90° である。

(5点×2)〔大商学園高－改〕

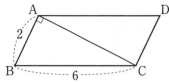

(1) AC の長さを求めなさい。

(2) 対角線 BD の長さを求めなさい。

重要 4 右の図の四角形 ABCD は正方形で，AE⊥BF である。(7点×3)

〔三田学園高－改〕

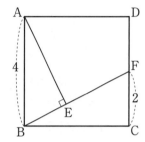

(1) BF の長さを求めなさい。

(2) AE の長さを求めなさい。

(3) 四角形 AEFD の面積を求めなさい。

重要 5 右の図において，AC=4，BC=CD=3 である。(7点×3)

〔桃山学院高〕

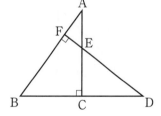

(1) 辺 AB の長さを求めなさい。

(2) 線分 AE の長さを求めなさい。

(3) △BCF の面積を求めなさい。

 ヒント

2 (3) 三平方の定理だけでなく，△ABC∽△AED であることも利用する。

4 (2) △ABE∽△BFC を利用する。また，△ABF の面積から逆算して求めてもよい。

5 (3) △ABC∽△DBF を利用する。

第6章 三平方の定理　　　　　　　　　　　　　　【　　月　　日】

三平方の定理と平面図形

🎯 重要点をつかもう

1 特別な直角三角形の3辺の比

① 直角二等辺三角形

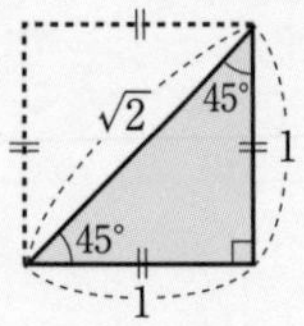

② 1つの角が60°の直角三角形

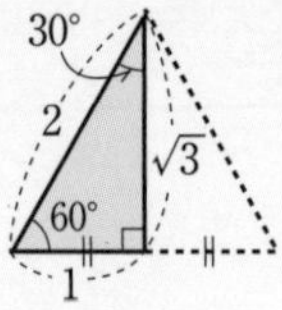

これらの直角三角形では，1辺の長さがわかれば，他の2辺の長さが求められる。

正方形の半分の辺の比
$1 : 1 : \sqrt{2}$

正三角形の半分の辺の比
$1 : 2 : \sqrt{3}$

2 平面図形への利用

① 長方形の対角線の長さ
右の図の長方形で，

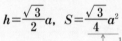

$\ell = \sqrt{a^2 + b^2}$

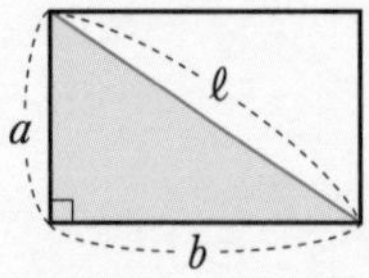

② 正三角形の高さと面積
右の図の正三角形で，

$h = \dfrac{\sqrt{3}}{2}a, \quad S = \dfrac{\sqrt{3}}{4}a^2$

$\underset{\frac{1}{2}ah \text{ の } h \text{ を } a \text{ で表す}}{\uparrow}$

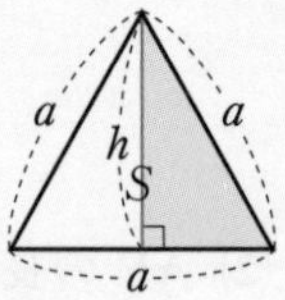

Step ① 基本問題

解答▶別冊40ページ

1 ［特別な直角三角形の辺の比］次の図の x, y の値を求めなさい。

(1)

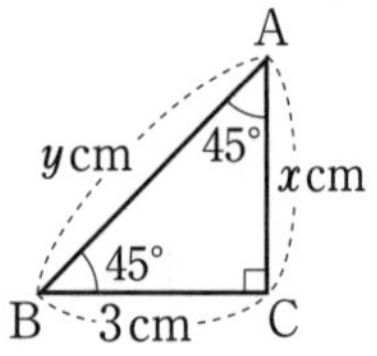

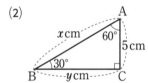

(2)

Guide

特別な直角三角形の3辺の比と対角の関係

① 45°　45°　90°
　↓　　↓　　↓
　1　　1　　$\sqrt{2}$

② 30°　60°　90°
　↓　　↓　　↓
　1　$\sqrt{3}$　2

重要 **2** ［特別な直角三角形の辺の比］右の図のように，2枚1組の三角定規を並べる。
BC=6 cm とするとき，AB，AC，CD の長さをそれぞれ求めなさい。

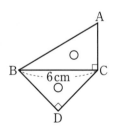

正方形の対角線

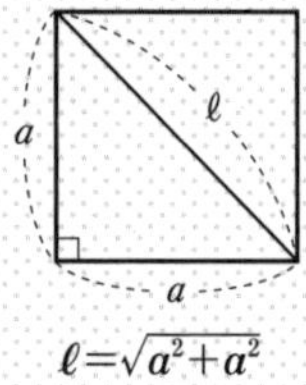

$\ell = \sqrt{a^2 + a^2}$
$= \sqrt{2}\,a$

重要 **3** ［平面図形への利用］次の問いに答えなさい。

(1) AB＝3 cm，BC＝4 cm の長方形 ABCD の
対角線 AC の長さを求めなさい。

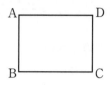

(2) AB＝AC＝5 cm，BC＝2 cm の二等辺三角形
ABC の面積を求めなさい。

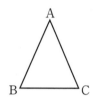

重要 **4** ［平面図形への利用］次の問いに答えなさい。

(1) 右の図の円 O で，弦 AB の長さを求めなさい。

〔青　森〕

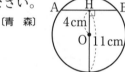

(2) 半径 8 cm の円 O に，中心 O からの距離が
12 cm である点 P からひいた接線 PT の長
さを求めなさい。

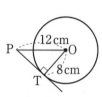

5 ［2 点間の距離］座標が次のような各組
の 2 点間の距離を求めなさい。ただし，
座標軸の 1 目盛りを 1 cm とする。

(1) A(1，2)，B(5，5)…右の図

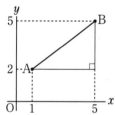

(2) C(4，−1)，D(6，4)

(3) E(2，3)，F(3，−3)

確認 二等辺三角形の性質

頂角の二等分線は，底辺を垂
直に 2 等分する。直角三角形
ができるので，三平方の定理
を使って，高さを求めること
ができる。

覚える 平面図形や空間図形
の中に直角三角形を
見つけたり，つくったりすれ
ば，三平方の定理が使える。

くわしく 弦の長さ

$$AB＝2\sqrt{r^2-d^2}$$

くわしく 座標平面上の
2 点間の距離

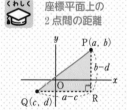

2 点 P(a，b)，Q(c，d) 間の
距離は，
$$PQ＝\sqrt{(a-c)^2+(b-d)^2}$$

1 次の図で, x, y の値を求めなさい。(5点×3)

(1)

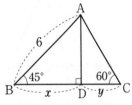

(2)

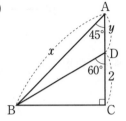

(3)

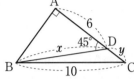

重要 **2** 次の三角形や四角形の面積を求めなさい。(5点×3)

(1)

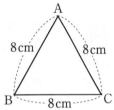

(2)

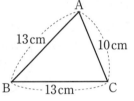

(3)

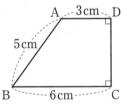

重要 **3** 右の図の △ABC で, AB＝8 cm, AC＝6 cm, ∠BAC＝60° である。
(5点×3)

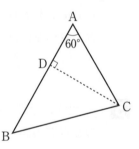

(1) C から AB に垂線 CD をひくとき, CD の長さを求めなさい。

(2) △ABC の面積を求めなさい。

(3) BC の長さを求めなさい。

4 右の図のように, 長方形 ABCD の辺と接し, 互いに接している 2
つの円 P, Q がある。円 Q の半径を求めなさい。(8点)

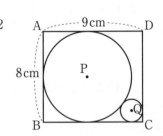

1・2年の復習

第1章

第2章

第3章

第4章

第5章

第6章

第7章

第8章

総仕上げテスト

重要 **5** 右の図は，AB＝6 cm，AD＝9 cm の長方形 ABCD の紙を，点 C が辺 AB の中点 M と重なるように，線分 PQ で折ったものである。(5点×3)

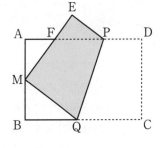

(1) BQ の長さを求めなさい。

(2) AF の長さを求めなさい。

(3) PQ の長さを求めなさい。

重要 **6** 右の図の △ABC について，次の問いに答えなさい。(6点×2)

〔東北学院高〕

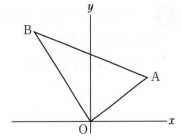

(1) BH の長さを求めなさい。

(2) △ABC の面積を求めなさい。

7 右の図で，2点 A，B の座標は A(6，4)，B(−6，9) である。

(5点×4)

(1) 直線 AB の式を求めなさい。

(2) △OAB の周の長さを求めなさい。

(3) △OAB の面積を求めなさい。

(4) 原点 O から線分 AB に垂線 OH をひくとき，OH の長さを求めなさい。

ヒント！ **2** (3) 点 A から BC に垂線 AH をひいて，三平方の定理を使う。

4 円 Q の半径を x cm とする。線分 PQ を斜辺とする直角三角形をつくり，三平方の定理を使う。

6 (1)BH＝x とし，△ABH，△ACH において三平方の定理で AH² を2通りの式で表す。

三平方の定理と空間図形

重要点をつかもう

1　空間図形への利用

① 空間図形の中に直角三角形を見つけ，またはつくって，三平方の定理を利用する。

② 直方体の対角線の長さ
右の図の直方体で，$\ell=\sqrt{a^2+b^2+c^2}$

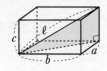

③ 円錐の高さ
右の図の円錐で，$h=\sqrt{\ell^2-r^2}$

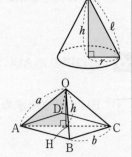

④ 正四角錐の高さ
右の正四角錐で，△OAH は直角三角形

$$h^2=a^2-\text{AH}^2,\ \ \text{AH}=\frac{1}{2}\text{AC}=\frac{\sqrt{2}\,b}{2}\ \text{だから},$$

$$h=\sqrt{a^2-\left(\frac{\sqrt{2}\,b}{2}\right)^2}$$

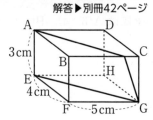

Step 1　基本問題

解答▶別冊42ページ

重要 1 [直方体の対角線] 右の図の直方体について，次の問いに答えなさい。

(1) EG の長さを求めなさい。

(2) 対角線 AG の長さを求めなさい。

(3) 頂点 A から辺 BC 上の点を通って，頂点 G まで糸をゆるみのないようにぴんと張った。このとき，頂点 A から頂点 G までの糸の長さを求めなさい。

Guide

くわしく　直方体の対角線

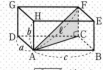

$\text{AC}=\sqrt{a^2+c^2}$ だから，
$\ell=\sqrt{\text{AC}^2+\text{CF}^2}$
　$=\sqrt{a^2+b^2+c^2}$

　最短距離

最短距離を求める問題では展開図をかいて考える。

1 (3)
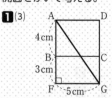

2 ［立方体の対角線］次の問いに答えなさい。

(1) 1辺の長さがaの立方体の対角線の長さを求めなさい。

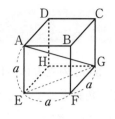

(2) 1辺の長さが5cmの立方体の対角線の長さを求めなさい。

3 ［正四角錐の高さと体積・表面積］右の図のような，底面が1辺10cmの正方形で，側面が1辺10cmの正三角形である正四角錐OABCDがある。

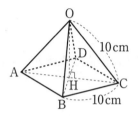

(1) 正四角錐の高さを求めなさい。

(2) 体積を求めなさい。

(3) 表面積を求めなさい。

4 ［円錐の高さと体積・表面積］母線の長さが9cm，底面の直径が6cmの円錐がある。ただし，円周率はπとする。

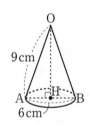

(1) 円錐の高さ OH を求めなさい。

(2) 円錐の体積を求めなさい。

(3) 円錐の表面積を求めなさい。

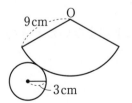

1・2年の復習
第1章
第2章
第3章
第4章
第5章
第6章
第7章
第8章
総仕上げテスト

確認　立方体の対角線

立方体の対角線は，直方体の特別な場合として求める。

$\ell=\sqrt{a^2+b^2+c^2}$

立方体は $a=b=c$ より，立方体の対角線 ℓ は，

$\ell=\sqrt{a^2+a^2+a^2}$
　$=\sqrt{3}a$

くわしく　球の切り口の半径

$a=\sqrt{r^2-d^2}$

くわしく　円錐の側面積

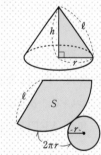

円錐の側面積は，

$S=\pi\ell^2\times\dfrac{2\pi r}{2\pi\ell}$

　$=\pi\ell r$

で表される。
この公式を使えば側面のおうぎ形の中心角がわからなくても，側面積を求めることができる。

Step 2 標準問題

| 時間 40分 | 合格点 80点 | 得点 点 |

解答▶別冊43ページ

1 右の図は，1辺の長さが3cmの立方体 ABCD-EFGH の4つの頂点 A，C，F，H を結んで三角錐をつくったものである。(6点×3)

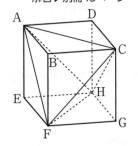

(1) 三角錐 ACFH の体積を求めなさい。

(2) △CFH の面積を求めなさい。

(3) 頂点 A を通って △CFH に垂直な直線が △CFH と交わる点を P とするとき，AP の長さを求めなさい。

2 右の図は，1辺の長さが8cmの立方体 ABCD-EFGH で，辺 GF，GH の中点をそれぞれ M，N とする。(6点×2)

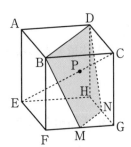

(1) 四角形 BMND の面積を求めなさい。

(2) 対角線 CE が四角形 BMND と交わる点を P とするとき，CP：PE を最も簡単な整数の比で表しなさい。

3 右の図は，AB＝15cm，AD＝20cm，AE＝9cm の直方体である。3点 A，F，H を通る平面で切断したときにできる三角錐 AEFH について，次の問いに答えなさい。(7点×3)　　〔大阪教育大附高(池田)〕

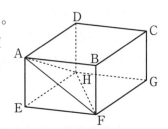

(1) 三角錐 AEFH の体積を求めなさい。

(2) 点 A から辺 FH に垂線をひいたときの交点を M とする。このとき，AM の長さを求めなさい。

(3) 点 E から平面 AFH に垂線をひいたときの交点を N とする。このとき，EN の長さを求めなさい。

4 右の図で，立体 OABCD は正四角錐である。正四角錐の側面に，頂点 A から辺 OB，OC，OD と交わり，頂点 A に戻るように糸を 1 周かけ，その糸の長さが最短となるときの糸と辺 OB，OC との交点をそれぞれ E，F とする。OA＝6 cm，∠AOB＝30° である。(7点×2) 〔愛知〕

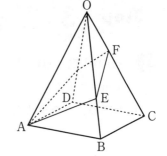

(1) 線分 FC の長さは何 cm ですか。

(2) △ABE の面積は何 cm² ですか。

5 1 辺の長さが 6 cm の正四面体 O–ABC の辺 OA，OB，OC 上にそれぞれ点 L，M，N があり，AL＝3 cm，BM＝2 cm，CN＝4 cm である。(7点×3) 〔法政大第二高－改〕

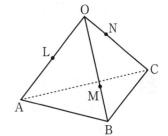

(1) 線分 LM の長さを求めなさい。

(2) △OLN の面積を求めなさい。

(3) 四面体 O–LMN の体積を求めなさい。

6 右の図のような，底面の半径が 2 cm で，母線の長さが 6 cm である円錐があり，底面の直径を AB とする。ただし，円周率は π とする。(7点×2)

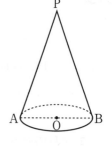

(1) この円錐の体積と表面積を求めなさい。

(2) A からこの円錐の側面を 1 周して，再び A に戻る経路のうち，最短経路の長さを求めなさい。

---

4 (2) 長方形 AEGC の面を取り出し，その平面上で考える。

5 (3) 正四面体 O–ABC との体積比で求める。正四面体の体積は，立方体の体積から合同な三角錐4つ分の体積をひいたものである。

解答▶別冊44ページ

1 右の図で，AB＝AC＝AE，∠BAC＝30°，∠CAE＝60°，AB＝4 cm とする。（7点×3）

(1) DE の長さを求めなさい。

(2) BC の長さを求めなさい。

(3) △ABC の面積を求めなさい。

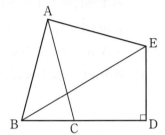

2 右の図で，AB＝$\sqrt{11}$ cm，BC＝4 cm，CA＝$\sqrt{3}$ cm，BD⊥BC，CD⊥CA である。（8点×2）　〔早稲田実業学校高〕

(1) △ABC の面積を求めなさい。

(2) 線分 AD の長さを求めなさい。

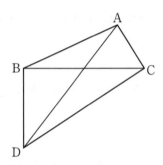

重要 3 ∠BAC＝60° である鋭角三角形 ABC がある。頂点 A，B から辺 BC，CA にそれぞれ垂線 AD，BE をひき，その交点を F とする。AE＝3，EC＝1 である。（7点×3）　〔東海高－改〕

(1) △ABC の面積を求めなさい。

(2) AD の長さを求めなさい。

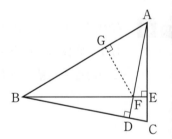

(3) 点 F から辺 AB に垂線 FG をひく。FG の長さを求めなさい。

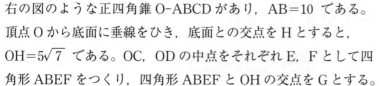

4 右の図のような正四角錐 O-ABCD があり，AB＝10 である。頂点 O から底面に垂線をひき，底面との交点を H とすると，OH＝$5\sqrt{7}$ である。OC，OD の中点をそれぞれ E，F として四角形 ABEF をつくり，四角形 ABEF と OH の交点を G とする。

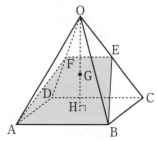

（7点×3）〔大阪星光学院高〕

(1) OA の長さを求めなさい。

(2) OG の長さを求めなさい。

(3) 四角形 ABEF の面積を求めなさい。

5 右の図のような四面体 ABCD において，AB＝CD＝2 cm，AC＝BC＝AD＝BD＝3 cm とし，辺 AB，CD の中点をそれぞれ E，F とする。（7点×3）　〔巣鴨高〕

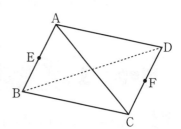

(1) 線分 EF の長さを求めなさい。

(2) 頂点 A から底面 BCD に垂線をひき，底面 BCD との交点を H とする。線分 AH の長さを求めなさい。

(3) 四面体 ABCD に内接する球の半径を求めなさい。

---

2 (2) A から辺 BC に垂線 AH をひくと，∠BCD＝∠HAC より，△BCD∽△HAC

4 (2) △OAC を取り出して考える。

5 (2) △ABF の面で考えると，BF が底辺，AH が高さになる。

18 円周角の定理

🎯 重要点をつかもう

1 円周角の定理

① 右の図で, ∠APB を $\overset{\frown}{AB}$ に対する**円周角**, ∠AOB を $\overset{\frown}{AB}$ に対する**中心角**という。

② 1つの弧に対する円周角は, その弧に対する中心角の**半分**に等しい。

③ 半円の弧に対する円周角は **90°** である。

④ 同じ弧に対する円周角は**すべて等しい**。

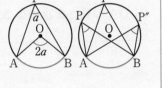

2 円周角の定理の逆

2点 P, Q が直線 AB について同じ側にあって, ∠APB＝∠AQB ならば, 4点 A, P, Q, B は**同一円周上**にある。

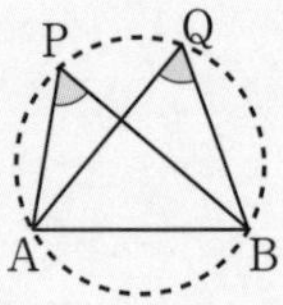

3 円に内接する四角形の性質

円に内接する四角形では,

① 対角の和は **180°** である。(∠a＋∠b＝180°)

② 1つの外角は, それととなり合う内角の対角に等しい。(∠a＝∠c)

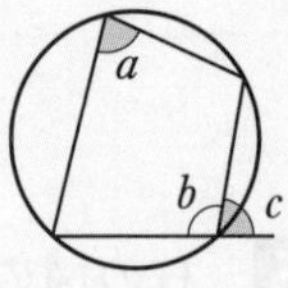

Step 1 基本問題

解答▶別冊46ページ

1 [円周角と中心角] 次の図で, ∠x の大きさを求めなさい。

(1) 〔茨城〕 (2) 〔福島〕

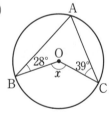

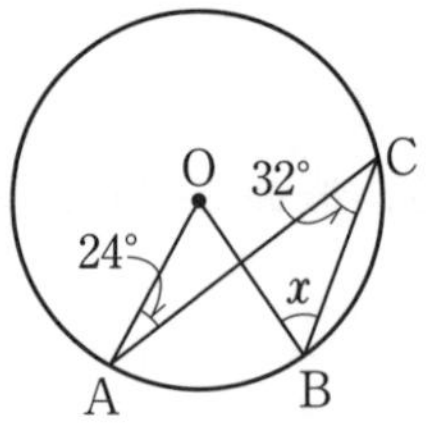

2 [円周角の定理] 次の図で, ∠x の大きさを求めなさい。

(1) 〔東京〕 (2) 〔福井〕

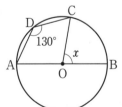

Guide

🎓 円周角の定理の証明

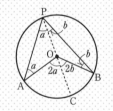

∠OPA＝∠a, ∠OPB＝∠b とする。

OP＝OA より, △OAP は二等辺三角形だから, ∠OAP＝∠a

∠AOC＝∠OPA＋∠OAP
　　　＝∠a＋∠a＝2∠a

同様に, ∠BOC＝2∠b

よって, ∠AOB＝2(∠a＋∠b)

∠APB＝∠a＋∠b だから,

∠APB＝$\frac{1}{2}$∠AOB

重要 **3** [円周角の定理] 次の図で，∠x の大きさを求めなさい。

(1) OC∥AB　　　　　〔新 潟〕

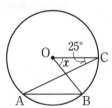

(2) BD は直径　　　　　〔兵 庫〕

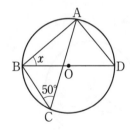

(3) AB＝AC　　　　　〔秋 田〕

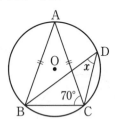

(4) AE∥BD　　　　　〔茨 城〕

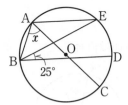

重要 **4** [円周角の定理の逆] 次の図で，4点 A，B，C，D が同一円周上にあるのはどちらですか。

ア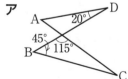

イ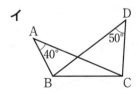

5 [円に内接する四角形] 次の図で，∠x，∠y の大きさを求めなさい。

(1)

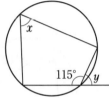

(2)

くわしく 円周角の定理

$\angle APB = \dfrac{1}{2} \angle AOB$

AB が直径 → ∠APB＝90°

∠P＝∠Q

∠P＝∠Q

確認 円に内接する四角形

∠A＋∠C＝180°

∠A＝∠DCE

重要 **1** 次の図で，∠x の大きさを求めなさい。(5点×9)

(1) 〔島根〕

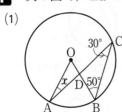

(2) 〔栃木〕 (3) 〔愛媛〕

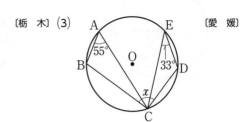

(4) AC は直径 〔長野〕 (5) AB は直径 〔鹿児島〕 (6) 〔愛知〕

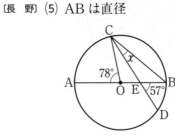
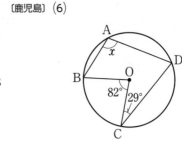

(7) AC は直径 〔富山〕 (8) BD∥CO 〔熊本〕 (9) AB は直径 〔香川〕

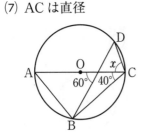
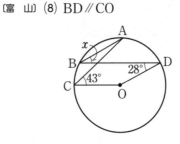
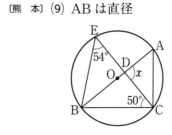

2 右の図において，点 A，B，C，D，E は半径 6 cm の円の円周上の点である。このとき $\overset{\frown}{AB}$ の長さを求めなさい。ただし，$\overset{\frown}{AB}$ は短いほうの弧を示すものとする。また，円周率は π とする。(7点) 〔広島大附高〕

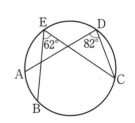

3 次の問いに答えなさい。(8点×3)

(1) 右の図のように，円周上に，点 A，B，C がある。点 A を含まない $\overset{\frown}{BC}$ の長さと，点 A を含む $\overset{\frown}{BC}$ の長さの比が 2：3 のとき，∠x の大きさを求めなさい。 〔石 川〕

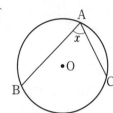

(2) 右の図のように，2 点 C，D は，線分 AB を直径とする半円 O の $\overset{\frown}{AB}$ 上にある点で，$\overset{\frown}{CD}=\overset{\frown}{BD}=\dfrac{1}{6}\overset{\frown}{AB}$ である。線分 AD と線分 OC との交点を E とする。x で示した ∠AEC の大きさを求めなさい。〔東 京〕

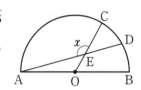

(3) 右の図のように，2 つの円 O_1，O_2 があり，円 O_1 の中心は，円 O_2 の周上にある。∠x の大きさを求めなさい。 〔大 分〕

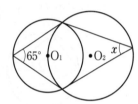

4 右の図において，∠x の大きさを求めなさい。(8点) 〔関西大第一高〕

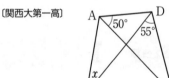

5 右の図のように，円周を 8 等分する点を A ～ H とするとき，次の問いに答えなさい。(8点×2)

(1) ∠HQF の大きさを求めなさい。

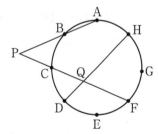

(2) ∠APF の大きさを求めなさい。

ヒント

1 (6) BC を結ぶと，△OBC は二等辺三角形で，四角形 ABCD は円に内接する四角形である。

3 (3) 2 つの円が交わる点と O_1 を結ぶと，円 O_2 に内接する四角形ができる。

5 円周を 8 等分した弧 1 つに対する円周角は 22.5° である。

19 円周角の定理の利用

🎯 **重要点をつかもう**

1 円と相似

円については等しい角の関係から，**相似な三角形**が現れやすい。特に，円と**二等辺三角形**や角の**二等分線**との組み合わせには注意する。

△PAC∽△PDB

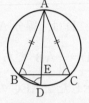

△PAC∽△PDB

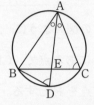

△ABD∽△AEB

△ABD∽△AEC

2 円と三平方の定理

直径に対する円周角，円の中心と弦の中点を結ぶ線分と弦の長さ，接線と接点を通る円の半径などは，90°の角ができるので，**三平方の定理**を使うことができる。

∠APB＝∠AQB＝90°

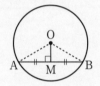

OM⊥AB

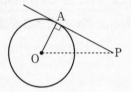

OA⊥PA

Step ① 基本問題

解答▶別冊47ページ

1 [円と相似] 右の図で，4点 A，B，C，D は円周上の点である。

(1) △PAD∽△PBC であることを証明しなさい。

(2) PA＝2，PB＝5，PC＝7 のとき，PD の長さを求めなさい。

Guide

⚠️ **注意**　円と相似

平行線による相似と円周角による相似は形が似ているが，対応する辺が違うので注意する。

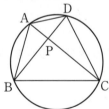

△APD∽△CPB

△APD∽△BPC

2 [円と三平方の定理] 右の図で, 4点 A, B, C, D は円周上の点で, BC=4, CD=3, DA=2, ∠BAD=90° である。ただし, 円周率は π とする。

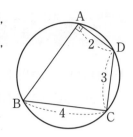

(1) この円の面積を求めなさい。

(2) AB の長さを求めなさい。

重要🤔 3 [円と三平方の定理] 右の図で, A から円 O にひいた 2 本の接線を AB, AC とし, C と O を結ぶ直線と接線 AB との交点を D, 円 O との交点を E とする。BD=15, DE=9 のとき, 次の問いに答えなさい。

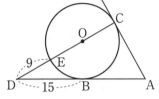

(1) 円 O の半径を求めなさい。

(2) 線分 AC の長さを求めなさい。

4 [円と三平方の定理] 右の図のように, AB を直径とする半円の周上に ∠CAB=30° となる点 C がある。AB=8 cm とするとき, 次の問いに答えなさい。ただし, 円周率は π とする。

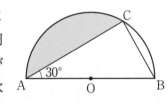

(1) △ABC の面積を求めなさい。

(2) 色のついた部分の面積を求めなさい。

1 2年の復習　第1章　第2章　第3章　第4章　第5章　第6章　第7章　第8章　総仕上げテスト

確認 🔍 **円の直径と円周角**

直径の両端と円周上の点を結んでできる円周角は 90° である。また, 90° の円周角があるときは, 直径ができる。

AB が円の直径
↕
∠APB＝90°

確認 🔍 **円の接線の性質**

円にひいた 2 本の接線の長さは等しい。

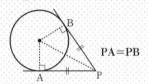

PA＝PB

くわしく 🎓 **特別な角の円周角**

▶ 30° の円周角があるときは, 中心角が 60° つまり, 正三角形ができる

△OAB は **正三角形**

▶ 45° の円周角があるときは, 中心角が 90° つまり, 直角二等辺三角形ができる

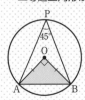

△OAB は **直角二等辺三角形**

時間 40分　合格点 80点　得点　　点

解答▶別冊48ページ

重要 1 右の図で，4点 A，B，C，D は円 O の周上にあり，AC は円 O の直径で，AH は △ABD の頂点 A から辺 BD にひいた垂線である。(8点×2)　〔岐阜－改〕

(1) △ABH∽△ACD であることを証明しなさい。

(2) AC＝10 cm，CD＝6 cm のとき，AD の長さを求めなさい。

重要 2 右の図のように，円 O の周上に4点 A，B，C，D がある。円 O の直径 AC と線分 BD との交点を E とし，線分 AD 上に，AB∥FE となる点 F をとる。また，AB＝6√3 cm，AC＝12 cm，AD＝9 cm，∠ADB＝60° とし，円周率は π とする。(7点×3)　〔和歌山－改〕

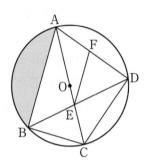

(1) 線分 BC の長さを求めなさい。

(2) △BCD∽△AFE であることを証明しなさい。

(3) 色のついた部分の面積を求めなさい。

3 右の図のように，線分 AB を直径とする円 O がある。円 O の周上に点 A，B と異なる点 C をとり，線分 AC を点 C の方向に延長し，その延長線上に AD＝AB となるように点 D をとる。線分 BD と円 O との交点のうち，点 B 以外の交点を E とし，点 A と点 E を結ぶ。(7点×2)　〔高 知〕

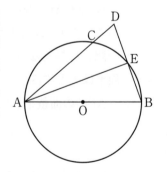

(1) △ABE∽△BDC であることを証明しなさい。

(2) 円 O の半径が3 cm，BE＝2 cm であるとき，△ABC の面積を求めなさい。

4 右の図のように，4点 A，B，C，D は円 O の周上にあり，AC と BD は点 H で垂直に交わっている。点 E は線分 AC の中点で，AH=2 cm，BH=3 cm，CH=6 cm である。ただし，円周率は π とする。(7点×3)　〔帝塚山学院泉ヶ丘高〕

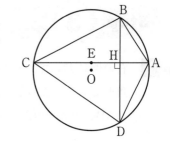

(1) EH の長さを求めなさい。

(2) HD の長さを求めなさい。

(3) 円 O の面積を求めなさい。

重要 **5** 右の図のように，BC=5，CA=4，∠C=60° の △ABC が円 O に内接している。(7点×4)　〔桜美林高〕

(1) 辺 AB の長さを求めなさい。

(2) 円 O の半径を求めなさい。

(3) 中心 O から辺 BC にひいた垂線と BC との交点を H とするとき，OH の長さを求めなさい。

(4) AO の延長と辺 BC との交点を E とするとき，OE の長さを求めなさい。

---

3 (2) (1)を用いて AC を求める。△ABC は直角三角形である。

4 (3) 中心 O から BD に垂線をひいて考える。

5 (2) △OAB は，OA＝OB，∠AOB＝2∠C＝120° の二等辺三角形である。

Step 3 実力問題

時間 40分　合格点 80点　得点 点

【 月 日 】

解答▶別冊49ページ

重要 **1** 右の図において，△ABC は BC＝6，AB＝8，∠B＝90° の直角三角形である。このとき，次の円の半径を求めなさい。(7点×2)〔綾羽高〕

(1) △ABC の3つの頂点 A，B，C を同時に通る円

(2) △ABC の3つの辺と三角形の内側で接している円

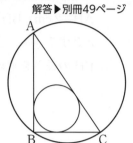

2 右の図のように，円Oの周上に3点 A，B，C があり，AB＝4，BC＝6，∠ABC＝60° である。辺 BC の中点を M とし，直線 AM と円Oの交点のうち，点 A と異なる点を D とする。(8点×2)

〔東海高〕

(1) AM の長さを求めなさい。

(2) 四角形 ABDC の面積を求めなさい。

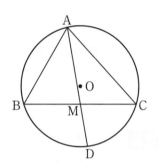

3 右の図のように，AB＝15，BC＝14，CA＝13 である △ABC が円に内接している。円の中心を O，A から BC にひいた垂線と BC との交点を H，直線 AO と円の交点のうち A でない点を D とする。

(7点×4)〔洛南高〕

(1) BH の長さを求めなさい。

(2) △ABC の面積を求めなさい。

(3) 円の半径を求めなさい。

難問 (4) △BDC の面積を求めなさい。

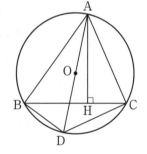

4 右の図のように，△ABC の頂点 A から辺 BC にひいた垂線を AD とする。また，AD を直径とする円と辺 AB，AC との交点をそれぞれ E，F とする。AD＝4，BD＝3，DC＝2 である。

（7点×3）〔日本大第二高〕

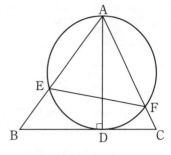

(1) AE の長さを求めなさい。

(2) 線分 EF は線分 BC の何倍になるかを求めなさい。

(3) △AEF の面積を求めなさい。

5 右の図のように，BC を直径とする円 O と △ABC がある。2 辺 AB，AC と円 O との交点をそれぞれ D，E とし，∠ABC＝60°，∠ACB＝75°，BC＝2 とする。（7点×3）　〔京都女子高〕

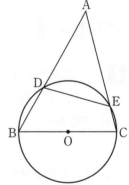

(1) DE の長さを求めなさい。

(2) ∠ADE の大きさを求めなさい。

(3) AD の長さを求めなさい。

★☆★

2 (2) △ABM∽△CDM を利用して，△ABC と △DBC の面積比を求める。

3 (4) 相似な三角形を 2 組見つける。

4 (2) △AEF∽△ACB になることから，EF：CB の相似比を求めればよい。

20 標本調査

🎯 重要点をつかもう

1 母集団と標本

① 調べようとするもとの集団全体の資料を**母集団**という。母集団からかたよりなく無作為に選び出した一部の資料を**標本**といい，その資料の個数を**標本の大きさ**という。

② 調査の対象となる母集団のすべてをもれなく調べる方法を**全数調査**という。これに対して標本を調査して，その結果から母集団の全体の傾向を推定する方法を**標本調査**という。

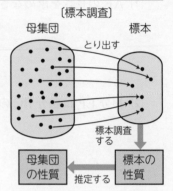

〔標本調査〕

2 母集団の平均や比率の推定

① 標本の平均値のことを**標本平均**という。標本平均で母集団の平均を推定する。標本平均の平均を求めると，より母集団の平均に近づく。

② 標本の比率から母集団の比率が推定できる。

Step 1 基本問題

解答▶別冊50ページ

重要 1 [全数調査と標本調査] 次の調査は，標本調査か全数調査のどちらでするのが適切ですか。

(1) 国勢調査　　　　　　　(2) かんづめの品質検査

(3) テレビの視聴率調査　　(4) 職場で行われる健康診断

2 [標本調査] 標本調査を行うために，次のような標本のとり方をした。最も正しいのはどれですか。

ア 運賃値上げについての市民の意見をきくため，ある駅の乗客全員の意見をきいた。

イ 学校全体の生徒のこづかいの平均を求めるため，3年のある1組について調べた。

ウ 学年全体の生徒の身長の平均を求めるため，各組から5人ずつ無作為に選んて調べた。

Guide

🔍 **全数調査と標本調査**

調査の対象全部についてもれなく調べる方法を**全数調査**という。これに対して，調査対象の一部だけを調べて全体の特徴や性質を推測する調べ方を**標本調査**という。調査の対象となっているものについて全部を調べるのが全数調査であり，全体の中から一部をとり出して調べるのが標本調査である。

3 [比率の推定] 赤，青，黄，緑の4色の玉が合わせて500個入っている箱から，無作為に50個の玉をとり出したら，青玉は，12個であった。この箱の中にはおよそ何個の青玉が入っていると考えられますか。

4 [比率の推定] ある作物の種を買ってきて，20粒ずつA〜Eに分けてまき，その発芽数を調べたところ，下のようになった。

区　分	A	B	C	D	E
発芽数	13	15	12	17	14

(1) この種の発芽率は何％と推定できますか。

(2) この作物の苗が500本以上必要なとき，何粒以上まけばよいですか。

5 [平均の推定] 1000人の体重を調べるため，10人ずつの標本を20個とり出し，その標本平均を調べたところ次のようになった。全体の平均を推定し，小数第1位までの概数で答えなさい。

標本平均(kg)	43.0	43.5	44.0	44.5	45.0	45.5	計
度　数	1	3	5	7	3	1	20

6 [平均の推定] ある県で実施された学力テストの結果をはやく知るために，任意に10校を選び，各学校から50人ずつ任意に選んで，計500人の標本について調べた。

学　校	A	B	C	D	E	F	G	H	I	J
50人の平均(点)	63	72	68	65	67	62	59	64	65	57

上の結果から，この県全体の学力テストの結果は，平均何点といえるか。四捨五入して整数で答えなさい。

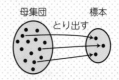

確認 母集団と標本

► 標本調査の場合，調査の対象全体を**母集団**といい，直接調査の対象となるものを**標本**という。

母集団　　　標本
とり出す

► 母集団の資料の個数を**母集団の大きさ**，標本の資料の個数を**標本の大きさ**という。

注意 母集団の比率の推定

標本の大きさが大きいほど，標本での比率は母集団の比率に近い値をとることが知られている。ゆえに，標本調査をするときは，なるべく大きい標本をとり出すことが望まれる。

くわしく 平均の推定

標本平均をいくつか求め，それらの平均を母集団の平均とする。

高校入試 **総仕上げテスト**

時間	合格点	得点
60分	80点	点

解答▶別冊51ページ

❶ 次の問いに答えなさい。(5点×4)

(1) $x^2-4ax+4a^2-2x+4a$ を因数分解しなさい。　　〔豊島岡女子学園高〕

(2) 連立方程式 $\begin{cases} 2x+3y=3 \\ 4x+ay=1 \end{cases}$ の解が $x=b$, $y=-5$ であるとき，a, b の値を求めなさい。

〔江戸川学園取手高〕

(3) $x=\dfrac{\sqrt{5}+\sqrt{3}}{2}$, $y=\dfrac{\sqrt{5}-\sqrt{3}}{2}$ のとき，x^2+y^2 の値を求めなさい。　　〔和洋国府台女子高〕

(4) 2次方程式 $(x+2)(x-2)+3x+5=0$ を解きなさい。　　〔法政大第二高〕

❷ 放物線 $y=x^2$ 上に x 座標が2である点Aがあり，y 軸上の正の部分に点Bがある。さらに，点Bを通り直線OAに平行な直線と放物線との2つの交点のうち，x 座標が負となる点をC，正となる点をDとする。(5点×3)　　〔東京電機大高〕

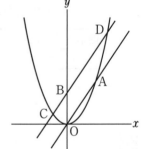

(1) 点Cの x 座標が -1 のとき，直線CDの式を求めなさい。

(2) 点Bの y 座標が6のとき，△OACの面積を求めなさい。

(3) △OBDの面積が△OBCの面積の4倍になるようにしたとき，点Cの座標を求めなさい。

❸ あるお店で，ハンバーガー単品が 240 円，ポテト単品が 160 円，ハンバーガー 1 個とポテト 1 個のセットが 320 円で売られている。そのお店では，毎日ハンバーガーを 145 個，ポテトを 130 個つくり，すべて売り切れるとする。(5点×3) 〔広島大附高〕

(1) セット料金は，ハンバーガー 1 個とポテト 1 個を単品で買うよりも，何割安くなっていますか。

(2) 1 日の売り上げが 50000 円であるとき，ハンバーガー単品，ポテト単品，セットはそれぞれいくつずつ売れましたか。

(3) お店でキャンペーンをすることになり，ハンバーガー単品とポテト単品の値段を同じ金額ずつ値引きして販売したところ，その日のハンバーガー単品とポテト単品の販売個数の比は 7：6 となり，売り上げは(2)の日よりも 450 円増えた。ハンバーガー単品とポテト単品をいくらずつ値引きしましたか。

❹ 右の図のように，AB＝5，BC＝4，CA＝6 である △ABC とそのすべての頂点を通る円がある。点 C における円の接線と直線 AB との交点を D とするとき，∠BAC＝∠BCD となる。また，線分 CD 上に，∠ABC＝∠CBE となる点 E をとる。
(5点×3) 〔京都成章高－改〕

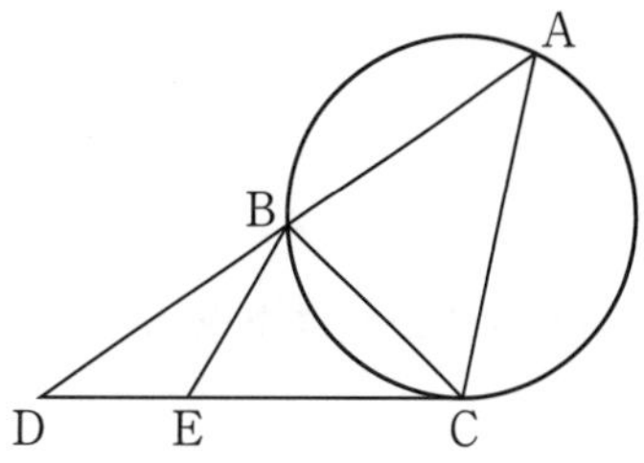

(1) CE の長さを求めなさい。

(2) DE の長さを求めなさい。

(3) △BDE と △ABC の面積比を求めなさい。

5 さいころを2回投げ，1回目に出た目を p，2回目に出た目を q として O を原点とする座標平面上の点 P$(p, 0)$，点 Q$(0, q)$ を考える。また，点 A$(2, 0)$，B$(2, 2)$，C$(0, 2)$ とする。

(5点×3) 〔大阪国際大和田高〕

(1) △OPQ の面積が6になる確率を求めなさい。

(2) 直線 PQ が点 B を通る確率を求めなさい。

(3) 直線 PQ が正方形 OABC の周と2点で交わる確率を求めなさい。

6 右の図のように，1辺の長さが6の正四面体 ABCD がある。辺 AB，BC 上に AP＝BQ＝2 となる点 P，Q をとり，辺 AC 上に PR と RQ の長さの和が最小になるように点 R をとる。

(5点×4) 〔明治大付属明治高－改〕

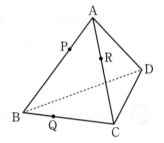

(1) 正四面体 ABCD の体積を求めなさい。

(2) RC の長さを求めなさい。

(3) △PQR の面積を求めなさい。

難問 (4) 点 P から3点 D，Q，R を通る平面に垂線をひき，その交点を H とするとき，PH の長さを求めなさい。

標準問題集
中3数学
解答編

1 正負の数

解答	p.2〜p.3

1 (1) -2　(2) -13　(3) $-\dfrac{11}{18}$　(4) $\dfrac{1}{60}$

2 (1) 20　(2) -9　(3) -48　(4) 8

3 (1) 16　(2) -3　(3) 69　(4) 1

4 (1) $\dfrac{4}{3}$　(2) -30　(3) $-\dfrac{3}{8}$　(4) $\dfrac{3}{2}$

5 (1) -1　(2) -1

6 (1) $-0.8,\ -\dfrac{1}{5},\ 0,\ \dfrac{14}{3},\ 5$

　　(2) 9 個　(3) -8　(4) 0.2　(5) 18 cm

7 24 m

解き方

1 (3) $\left(-\dfrac{5}{6}\right)+\dfrac{2}{9}=\left(-\dfrac{15}{18}\right)+\dfrac{4}{18}=-\dfrac{11}{18}$

(4) $\dfrac{4}{3}-\dfrac{3}{4}-\dfrac{2}{5}-\dfrac{1}{6}=\dfrac{80}{60}-\dfrac{45}{60}-\dfrac{24}{60}-\dfrac{10}{60}=\dfrac{1}{60}$

2 (2) $6\div\left(-\dfrac{2}{3}\right)=6\times\left(-\dfrac{3}{2}\right)=-9$

(3) $(-4)^2\times(-3)=16\times(-3)=-48$

(4) $(-4)^2\times2\div4=16\times2\div4=32\div4=8$

3 (1) $6-2\times(-5)=6-(-10)=6+10=16$

(2) $2\times6-3\times5=12-15=-3$

(3) $13-(-2)^3\times7=13-(-8)\times7=13-(-56)$
　　$=13+56=69$

(4) $(-3)^2-12\div\dfrac{3}{2}=9-12\times\dfrac{2}{3}=9-8=1$

4 (1) $\left(\dfrac{2}{3}\right)^3-2^2\times\dfrac{7}{9}\times\left(-\dfrac{1}{3}\right)=\dfrac{8}{27}-4\times\dfrac{7}{9}\times\left(-\dfrac{1}{3}\right)$

　　$=\dfrac{8}{27}+\dfrac{28}{27}=\dfrac{36}{27}=\dfrac{4}{3}$

(2) $(-2)^3\div\left(\dfrac{3}{5}-\dfrac{1}{3}\right)=-8\div\left(\dfrac{9}{15}-\dfrac{5}{15}\right)$

　　$=-8\div\dfrac{4}{15}=-8\times\dfrac{15}{4}=-30$

(3) $\dfrac{1}{6}\times\left(-\dfrac{3}{2}\right)^2-\dfrac{3}{4}=\dfrac{1}{6}\times\dfrac{9}{4}-\dfrac{3}{4}$

　　$=\dfrac{3}{8}-\dfrac{3}{4}=-\dfrac{3}{8}$

(4) $\left(\dfrac{3}{4}\right)^2\div\left(-\dfrac{1}{8}\right)-\dfrac{16}{9}\div\left(-\dfrac{2}{3}\right)^3$

　　$=\dfrac{9}{16}\times(-8)-\dfrac{16}{9}\div\left(-\dfrac{8}{27}\right)$

　　$=-\dfrac{9}{2}+\dfrac{16}{9}\times\dfrac{27}{8}=-\dfrac{9}{2}+6=\dfrac{3}{2}$

5 (1) $\dfrac{-(-1)^2}{5}-\dfrac{10}{3^3}\div\left\{-\left(\dfrac{5}{9}\right)^2\right\}+0.875\times\left(-\dfrac{16}{7}\right)$

　　$=-\dfrac{1}{5}-\dfrac{10}{27}\div\left(-\dfrac{25}{81}\right)+\dfrac{7}{8}\times\left(-\dfrac{16}{7}\right)$

　　$=-\dfrac{1}{5}-\dfrac{10}{27}\times\left(-\dfrac{81}{25}\right)-2=-\dfrac{1}{5}+\dfrac{6}{5}-2=-1$

(2) $\left(-\dfrac{1}{4}\right)^3\div0.25^4+\dfrac{4}{3}\times0.25\div\left(-\dfrac{1}{3}\right)^2$

　　$=-\dfrac{1}{64}\div\dfrac{1}{256}+\dfrac{4}{3}\times\dfrac{1}{4}\div\dfrac{1}{9}$

　　$=-4+3=-1$

6 (1) 分数は小数(わり切れないときは，およその小数でよい)にして大小を比べる。負の数は，絶対値が大きいほど小さい。

(2) $\dfrac{13}{3}=4.333\cdots$ だから，絶対値が 0，1，2，3，4 である整数の個数を求めればよい。負の整数も含めて，-4，-3，-2，-1，0，1，2，3，4 の 9 個ある。

(3) 絶対値が 8 である負の整数を求めて，-8

(4) $(-0.2)^2=0.04$，$-0.2^2=-0.04$ である。

(5) $324=2^2\times3^4=(2\times3^2)^2=18^2$

7 25 m との違いを平均すると，
$\{(-6.3)+2.8+(-1.1)+0.6\}\div4=-1$
よって，平均は $25+(-1)=24$(m)

2 式 の 計 算

解答	p.4〜p.5

1 (1) $-x$　(2) $a+1$　(3) $\dfrac{17}{12}x$　(4) $-\dfrac{13}{30}a-\dfrac{5}{18}$

2 (1) $2a+11b$　(2) $-5x+6y$　(3) $5a-4b$
　　(4) $-a-16b$

3 (1) $\dfrac{5x+19y}{14}$　(2) $\dfrac{11x+9y}{12}$　(3) $\dfrac{5x-y}{3}$
　　(4) $\dfrac{5x-13y}{6}$

4 (1) x　(2) $2b$　(3) $-27xy$　(4) $25xy$

5 (1) 9　(2) 12　(3) -16

6 (1) $a=\dfrac{V}{bc}$　(2) $y=-\dfrac{3}{2}x-\dfrac{5}{2}$

(3) $b=\dfrac{2S}{h}-a$ (4) $b=\dfrac{4}{5}a$

7 (1) 3つの連続した偶数を $2m$, $2m+2$, $2m+4$(ただし, m は整数)とすると, それらの和は,

$2m+(2m+2)+(2m+4)=6m+6=6(m+1)$

となる。ここで, $m+1$ は整数であるから, これは 6 の倍数である。

(2) 2 けたの自然数を $10a+b$ (a, b は各位の数)とすると, 題意の数は,

$10a+b+(a-b)=11a$ となり, a は自然数だから, これは 11 の倍数である。

解き方

1 (3) $\dfrac{2}{3}x+\dfrac{3}{4}x=\dfrac{8}{12}x+\dfrac{9}{12}x=\dfrac{17}{12}x$

(4) $-\dfrac{3}{5}a+\dfrac{5}{9}+\dfrac{1}{6}a-\dfrac{5}{6}=-\dfrac{18}{30}a+\dfrac{10}{18}+\dfrac{5}{30}a-\dfrac{15}{18}$

$=-\dfrac{13}{30}a-\dfrac{5}{18}$

2 (1) $(7a+b)-5(a-2b)=7a+b-5a+10b=2a+11b$

(2) $3(x-2y)-4(2x-3y)=3x-6y-8x+12y$

$=-5x+6y$

(3) $3(2a-3b)-(a-5b)=6a-9b-a+5b$

$=5a-4b$

(4) $-7(a+2b)+2(3a-b)=-7a-14b+6a-2b$

$=-a-16b$

⚠ **ここに注意**

分配法則を用いてかっこをはずすときは, 符号に十分注意すること。

3 (1) $\dfrac{x+y}{2}-\dfrac{x-6y}{7}=\dfrac{7(x+y)-2(x-6y)}{14}$

$=\dfrac{7x+7y-2x+12y}{14}=\dfrac{5x+19y}{14}$

(2) $\dfrac{5x-3y}{3}-\dfrac{3x-7y}{4}=\dfrac{4(5x-3y)-3(3x-7y)}{12}$

$=\dfrac{20x-12y-9x+21y}{12}=\dfrac{11x+9y}{12}$

(3) $2x-y-\dfrac{x-2y}{3}=\dfrac{3(2x-y)-(x-2y)}{3}$

$=\dfrac{6x-3y-x+2y}{3}=\dfrac{5x-y}{3}$

(4) $\dfrac{3x+y}{2}-y-\dfrac{2x+5y}{3}$

$=\dfrac{3(3x+y)-6y-2(2x+5y)}{6}$

$=\dfrac{9x+3y-6y-4x-10y}{6}$

$=\dfrac{5x-13y}{6}$

⚠ **ここに注意**

分数の文字式の計算では, 方程式のように分母を払ってはいけない。

4 (2) $9a\div(6ab)^2\times8ab^3=9a\times8ab^3\div36a^2b^2$

$=72a^2b^3\div36a^2b^2=2b$

(3) $6x^2\times(-3y)^2\div(-2xy)=6x^2\times9y^2\div(-2xy)$

$=54x^2y^2\div(-2xy)=-27xy$

(4) $(-3x^2y^2)\times5x^2y\div\left(-\dfrac{3}{5}x^3y^2\right)$

$=-15x^4y^3\div\left(-\dfrac{3}{5}x^3y^2\right)-25xy$

⚠ **ここに注意**

・$x^2\times x^3=(x\times x)\times(x\times x\times x)=x^5$ より,

$x^a\times x^b=x^{a+b}$

・$(x^2)^3=(x\times x)\times(x\times x)\times(x\times x)=x^6$ より,

$(x^a)^b=x^{ab}$

5 (1) $1-2a=1-2\times(-4)=1-(-8)=9$

(2) $5(2a+b)-(5a-b)=10a+5b-5a+b=5a+6b$

$=5\times2+6\times\dfrac{1}{3}=12$

(3) $4a^2b\times(-2b)\div(-4ab)=-8a^2b^2\div(-4ab)$

$=2ab=2\times2\times(-4)=-16$

6 (1) 両辺を bc でわって, $\dfrac{V}{bc}=a$ $a=\dfrac{V}{bc}$

(2) $3x$ を右辺に移項して, $2y=-3x-5$

両辺を 2 でわって, $y=-\dfrac{3}{2}x-\dfrac{5}{2}$

(3) 両辺を 2 倍して, $2S=(a+b)h$

左右を入れかえると, $(a+b)h=2S$

両辺を h でわって, $a+b=\dfrac{2S}{h}$ $b=\dfrac{2S}{h}-a$

(4) 両辺を 6 倍して, $2(a+b)=3(2a-b)$

$2a+2b=6a-3b$ $5b=4a$

両辺を 5 でわって, $b=\dfrac{4}{5}a$

3 方 程 式

解答　p.6 ～ p.7

1 (1) $x=-2$ (2) $x=\dfrac{1}{3}$ (3) $x=-7$

(4) $x=-2$ (5) $x=1$ (6) $x=-2$

2 (1) $x=-5$ (2) $x=7$ (3) $x=-17$ (4) $x=-7$

3 (1) $x=6$ (2) $x=12$ (3) $x=10$ (4) $x=12$

4 (1) $a=3$ (2) $a=\dfrac{7}{6}$

5 りんご…7個，みかん…3個

6 子どもの人数…35人，あめの個数…491個

7 1200 m

8 125 g

1 (3) $3x-2(3x+5)=11$　$3x-6x-10=11$
　　$-3x=21$　$x=-7$

(4) $2x-5=3(2x+1)$　$2x-5=6x+3$
　　$-4x=8$　$x=-2$

(5) $0.5x+0.2=x-0.3$ の両辺を 10 倍して，
　　$5x+2=10x-3$　$-5x=-5$　$x=1$

> **ここに注意**
>
> 両辺を何倍かするときは，整数にもかけること
> を忘れないようにしよう。

(6) $0.2(x-2)=x+1.2$　$0.2x-0.4=x+1.2$
　　両辺を 10 倍して，$2x-4=10x+12$
　　$-8x=16$　$x=-2$

2 (1) $\dfrac{4x+5}{3}=x$ の両辺を 3 倍して，$4x+5=3x$
　　$x=-5$

(2) $\dfrac{5}{6}x+\dfrac{2}{3}=\dfrac{1}{3}x+\dfrac{25}{6}$ の両辺を 6 倍して，
　　$5x+4=2x+25$　$3x=21$　$x=7$

(3) $\dfrac{x-4}{3}+\dfrac{7-x}{2}=5$ の両辺を 6 倍して，
　　$2(x-4)+3(7-x)=30$　$2x-8+21-3x=30$
　　$-x+13=30$　$-x=17$　$x=-17$

(4) $\dfrac{3x+9}{4}=-x-10$ の両辺を 4 倍して，
　　$3x+9=4(-x-10)$　$3x+9=-4x-40$
　　$7x=-49$　$x=-7$

3 (1) $x\times7=14\times3$　$7x=42$　$x=6$

(2) $5(x-3)=3\times15$　$5x-15=45$　$5x=60$
　　$x=12$

(3) $3x=5(x-4)$　$3x=5x-20$　$-2x=-20$
　　$x=10$

(4) $3(x-2)=15\times2$　$3x-6=30$　$3x=36$
　　$x=12$

> **ここに注意**
>
> 比例式では，(外項の積)＝(内項の積) が成り立
> つ。
> $a:b=c:d$ ならば　$ad=bc$

4 (1) $2x-3a=-5$ に $x=2$ を代入すると，
　　$4-3a=-5$　$-3a=-9$　$a=3$

(2) $2x-3(ax+2)=-3$ に $x=-2$ を代入すると，
　　$-4-3(-2a+2)=-3$　$-4+6a-6=-3$
　　$6a=7$　$a=\dfrac{7}{6}$

5 りんごを x 個買ったとすると，みかんは $(10-x)$ 個
買ったことになるから，代金について，
$150x+50(10-x)+120=1320$ が成り立つ。
これより，$150x+500-50x+120=1320$
$100x=700$　$x=7$
よって，りんごは 7 個，みかんは $10-7=3$（個）
買ったことになる。

6 子どもの数を x 人とすると，あめの個数について，
$15x-34=13x+36$ が成り立つ。
これより，$2x=70$　$x=35$
よって，子どもの数は 35 人，あめの個数は，
$15\times35-34$（または，$13\times35+36$）$=491$（個）

7 家からパンクした場所までの道のりを x m とする
と，残りの道のりは $(1800-x)$ m だから，かかっ
た時間について，$\dfrac{x}{240}+\dfrac{1800-x}{60}=15$ が成り立つ。
両辺を 240 倍して，
$x+4(1800-x)=3600$　$x+7200-4x=3600$
　$-3x=-3600$　$x=1200$

8 濃度 4 ％の食塩水を xg 加えたとすると，食塩の量
について，
$50\times\dfrac{1}{100}+\dfrac{4}{100}x=\dfrac{2}{100}(100+50+x)$ が成り立つ。
両辺を 100 倍して，$50+4x=300+2x$
$2x=250$　$x=125$

4　連立方程式

解答	p.8 ～ p.9

1 (1) $x=6$，$y=2$　(2) $x=1$，$y=-8$
　(3) $x=3$，$y=-2$　(4) $x=-2$，$y=2$

2 (1) $x=-\dfrac{14}{3}$，$y=10$　(2) $x=5$，$y=-8$
　(3) $x=5$，$y=7$　(4) $x=-2$，$y=3$

3 (1) $x=\dfrac{1}{2}$，$y=-3$　(2) $x=-55$，$y=-41$

4 (1) $a=3$，$b=2$　(2) $a=10$

5 (1) 200 g　(2) 兄…127 冊，妹…63 冊
　(3) $x=27.5$，$y=830$

解き方

1, **2**, **3** (2)で上の式を①，下の式を②とする。

1 (1) ①を3倍して，$9x-12y=30$ ……①′

②を4倍して，$8x+12y=72$ ……②′

①′＋②′ より，$17x=102$　$x=6$

これを①に代入して，$3\times6-4y=10$ より，

$-4y=-8$　$y=2$

(2) ②を2倍して，$4x-2y=20$ ……②′

①－②′ より，

$5x=5$　$x=1$

これを②に代入して，$2\times1-y=10$ より，

$-y=8$　$y=-8$

(3) ①を3倍して，$6x+3y=12$ ……①′

①′＋② より，

$10x=30$　$x=3$

これを①に代入して，$2\times3+y=4$ より，$y=-2$

(4) ①を2倍して，$2x+6y=8$ ……①′

①′－② より，$y=2$

これを①に代入して，$x+3\times2=4$ より，$x=-2$

2 (1) ①を6倍して，$6x+3y=2$ ……①′

②を12倍して，$6x+4y=12$ ……②′

②′－①′ より，$y=10$

これを①′に代入して，$6x+3\times10=2$ より，

$6x=-28$　$x=-\dfrac{14}{3}$

(2) ①より，$7x-3y=59$ ……①′

②より，$3x+4y=-17$ ……②′

①′×4 より，$28x-12y=236$ ……①″

②′×3 より，$9x+12y=-51$ ……②″

①″＋②″ より，$37x=185$　$x=5$

これを①′に代入して，$7\times5-3y=59$ より，

$-3y=24$　$y=-8$

(3) ①より，$x+y=12$ ……①′

①′－② より，$4x=20$　$x=5$

これを①′に代入して，$5+y=12$ より，$y=7$

(4) ②より，$2x+y=-1$ ……②′

②′－① より，$x=-2$

これを①に代入して，$-2+y=1$ より，$y=3$

3 (1) $4x+y=x+\dfrac{1}{2}y$ より，$y=-6x$ ……①

$4x+y=2x-y-5$ より，$2x+2y=-5$ ……②

①を②に代入して，$2x-12x=-5$　$x=\dfrac{1}{2}$

これを①に代入して，$y=-6\times\dfrac{1}{2}=-3$

⚠ ここに注意

$A=B=C$ 型の連立方程式は，

$$\begin{cases} A=B \\ A=C \end{cases} \begin{cases} A=B \\ B=C \end{cases} \begin{cases} A=C \\ B=C \end{cases}$$

のいずれかの形になおして考える。

(2) ①より，$3(y+3)=2(x-2)$

$2x-3y=13$ ……①′

2倍して，$4x-6y=26$ ……①″

①″－② より，$y=-41$

これを①′に代入して，$2x-3\times(-41)=13$ より，

$2x=-110$　$x=-55$

4 (1) 連立方程式に $x=5$，$y=-4$ を代入して，

$5a+4=19$ ……①，$5a-4b=7$ ……②

①より，$5a=15$　$a=3$

これを②に代入して，$15-4b=7$

$-4b=-8$　$b=2$

(2) $x:y=2:3$ より，$2y=3x$　$y=\dfrac{3}{2}x$

これを $5x-8y=-1$ に代入すると，

$5x-12x=-1$　$-7x=-1$　$x=\dfrac{1}{7}$

これを $y=\dfrac{3}{2}x$ に代入して，$y=\dfrac{3}{14}$

$x-ay=-2$ より，$\dfrac{1}{7}-\dfrac{3}{14}a=-2$

$2-3a=-28$　$-3a=-30$　$a=10$

5 (1) はじめのAの重さを x g，Bの重さを y g とすると，$x+y=300$ ……①，

$1.1x+0.95y=300\times1.05$ ……② が成り立つ。

②より，$110x+95y=31500$ ……②′

①を95倍して，$95x+95y=28500$ ……①′

②′－①′ より，$15x=3000$　$x=200$

(2) 兄，妹が最初に持っていた本の冊数をそれぞれ x 冊，y 冊とすると，

$x+y=190$ ……①，$x+5=2(y+3)$ ……②

が成り立つ。

②より，$x-2y=1$ ……②′

① －②′ より，$3y=189$　$y=63$

これを①に代入して，$x+63=190$ より，$x=127$

(3) 時速 90 km を秒速 25 m，時速 72 km を秒速 20 m になおして考える。上りの列車は 42 秒間に，トンネルの長さと列車の長さを合わせた距離を進んだことから，$8x+y=25\times42$ ……①

また，下りの列車は $42+16=58$（秒間）に，トンネルの長さと列車の長さを合わせた距離を進

4

んだことから，$12x+y=20×58$ ……②

②－① より，$4x=110$　$x=27.5$

これを①に代入して，$220+y=1050$　$y=830$

5　比例と反比例

　p.10〜p.11

1 エ

2 (1) $y=4x$　(2) $y=10$　(3) $y=\dfrac{15}{x}$

(4) $y=-8$　(5) $y=\dfrac{3}{4}x$　(6) -3

3 ウ

4 イ，オ

5 (1) $y=\dfrac{8}{x}$　(2) 8個

6 (1)① $y=\dfrac{2}{3}x$　② $y=\dfrac{24}{x}$　(2) 18

解き方

1 $y=ax$（a は比例定数）の形で表されるものを選ぶ。

アは $y=2x+20$，**イ**は $y=x^2$，**ウ**は $y=\dfrac{40}{x}$，

エは $y=3x$ である。

2 (1) $y=ax$ に $x=3$，$y=12$ を代入して，

$12=3a$　$a=4$

よって，$y=4x$

(2) $y=ax$ に $x=3$，$y=-6$ を代入して，

$-6=3a$　$a=-2$

よって，$y=-2x$ となり，$x=-5$ のとき，

$y=-2×(-5)=10$

(3) $y=\dfrac{a}{x}$ に $x=-3$，$y=-5$ を代入して，

$-5=\dfrac{a}{-3}$　$a=(-5)×(-3)=15$

よって，$y=\dfrac{15}{x}$

(4) $y=\dfrac{a}{x}$ に $x=4$，$y=-4$ を代入して，

$-4=\dfrac{a}{4}$　$a=(-4)×4=-16$

よって，関係式は $y=-\dfrac{16}{x}$ となり，

$x=2$ のとき，$y=-\dfrac{16}{2}=-8$

(5) グラフの式は $y=ax$ と表すことができ，

$(8,\ 6)$を通るから，$6=8a$ より，$a=\dfrac{3}{4}$

よって，グラフの式は，$y=\dfrac{3}{4}x$

(6) 反比例では x と y の積が一定であるから，

$x=3$ のとき $y=-6$ より，$3×(-6)=6×\square$

$\square=-3$

5 (1) グラフの式は $y=\dfrac{a}{x}$ と表すことができ，

$(2,\ 4)$を通るから，$4=\dfrac{a}{2}$ より，$a=8$

よって，グラフの式は，$y=\dfrac{8}{x}$

(2) $y=\dfrac{8}{x}$ で，x，y がともに整数だから，x は8の

約数（負の数も含む）である。

したがって，$x=±1$，$±2$，$±4$，$±8$ のときで

あるから，そのような座標は8個ある。

6 (1)②の式は $y=\dfrac{a}{x}$ で，B$(3,\ 8)$ を通ることから，

$8=\dfrac{a}{3}$ より，$a=24$

よって，$y=\dfrac{24}{x}$

A の y 座標は $y=\dfrac{24}{6}=4$ だから，①の式を

$y=mx$ とおくと，$4=6m$ より，$m=\dfrac{2}{3}$

よって，①の式は，$y=\dfrac{2}{3}x$

(2) 右の図より，△OAB$=$

$6×8-3×8×\dfrac{1}{2}-6×4$

$×\dfrac{1}{2}-4×3×\dfrac{1}{2}$

$=48-12-12-6=18$

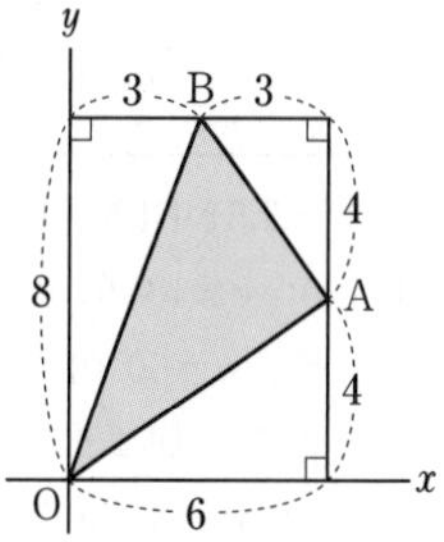

6　1次関数

　p.12〜p.13

1 (1) $y=3x-5$

(2) 6

(3) $y=2$

(4) 右の図

(5) $-1\leqq y\leqq 2$

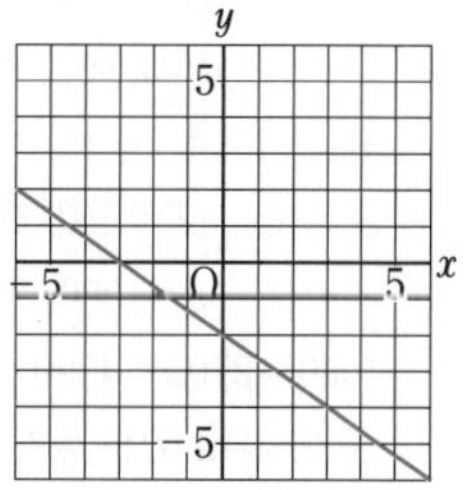

2 (1) 毎分 2.5 L

(2) $y=-2.5x+120$

(3) 48分後

3 (1) $y=1080$，$y=180x-2160$　(2) 1620 m

4 (1) A$(3,\ 6)$，B$(-3,\ 4)$　(2) 15

(3) $y=\dfrac{8}{9}x+\dfrac{10}{3}$　(4) -5

5

解き方

1 (1) 求める直線は傾きが 3 だから，$y=3x+b$ とおくと，$(2, 1)$ を通ることから，
$1=3\times2+b$ $b=-5$
よって，1 次関数の式は，$y=3x-5$

(2) 1 次関数 $y=3x+1$ の変化の割合は 3 であるから，x が 2 増加するときの y の増加量は，
$3\times2=6$

> ⚠ **ここに注意**
>
> （y の増加量）＝（変化の割合）×（x の増加量）
> で求められる。

(3) x 軸に平行な直線の式は $y=k$ と表すことができる。点 $(3, 2)$ を通るので，$y=2$

(4) $2x+3y+6=0$ を変形して，$y=-\dfrac{2}{3}x-2$
傾きが $-\dfrac{2}{3}$ で，切片が -2 の直線をかく。

(5) $x=-5$ のとき $y=2$，$x=10$ のとき $y=-1$ だから，y の変域は，$-1\leqq y\leqq2$

2 (1) 8 分間に水を $120-100=20$ (L) 抜いているので，毎分 $20\div8=2.5$ (L) 抜いていることになる。

(2) 変化の割合は -2.5 で，$x=0$ のときの y の値は 120 だから，$y=-2.5x+120$

(3) $-2.5x+120=0$ とおくと，$x=48$

3 (1) $0\leqq x\leqq18$ のとき $y=60x$ だから，$x=18$ のとき，$y=60\times18=1080$
また，$18\leqq x\leqq27$ のとき，変化の割合は 180 で，点 $(18, 1080)$ を通るから，グラフの式は $y=180x-2160$ となる。

(2) 弟の進行を表すグラフは，点 $(17, 0)$ と点 $(27, 2700)$ を結ぶ線分になる。グラフの傾きは $\dfrac{2700-0}{27-17}=270$ より，$y=270x+b$ とおいて，$x=17$，$y=0$ を代入すると，$0=270\times17+b$
$b=-4590$
よって，グラフの式は $y=270x-4590$
これに，$y=1080$ を代入すると，
$1080=270x-4590$ より，$x=21$ となるので，弟が 1080 m の地点を通過するのは A さんの 3 分後である。
よって，郵便局は 1080 m の地点より博物館に近く，弟が $x=t$ のとき郵便局の前を通過したとすれば，A さんは $x=t-2$ のとき郵便局の前を通過したことになるので，

$180(t-2)-2160=270t-4590$ が成り立つ。
これを解いて，$t=23$
したがって，家から郵便局の前までの道のりは，
$270\times23-4590=1620$ (m)

4 (1) 点 A は 2 直線 $y=2x$ と $y=\dfrac{1}{3}x+5$ の交点だから，その x 座標は，$2x=\dfrac{1}{3}x+5$ より，$x=3$
y 座標は，$y=2\times3=6$ より，A(3, 6)
また，点 B は 2 直線 $y=-\dfrac{4}{3}x$ と $y=\dfrac{1}{3}x+5$ の交点だから，その x 座標は，$-\dfrac{4}{3}x=\dfrac{1}{3}x+5$ より，$x=-3$
y 座標は，$y=-\dfrac{4}{3}\times(-3)=4$ より，B$(-3, 4)$

(2) $\triangle OAB=\triangle OAC+\triangle OBC$
$=5\times3\times\dfrac{1}{2}+5\times3\times\dfrac{1}{2}=15$

(3) 線分 OB の中点を D とすると，D の座標は D$\left(-\dfrac{3}{2}, 2\right)$ だから，A(3, 6) と D を通る直線の式を求めればよい。求める直線の式を $y=ax+b$ とおくと，$2=-\dfrac{3}{2}a+b$，$6=3a+b$ より，$a=\dfrac{8}{9}$，$b=\dfrac{10}{3}$ となるので，$y=\dfrac{8}{9}x+\dfrac{10}{3}$

(4) 下の図のように，B を通って直線 m と平行な直線をひき，x 軸との交点を P とすれば，$\triangle ABO$ と $\triangle APO$ の面積が等しくなる。

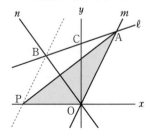

直線 m の傾きは 2 だから，直線 BP の傾きも 2 であり，点 B$(-3, 4)$ を通るから，$y=2x+b$ に $x=-3$，$y=4$ を代入して，$4=2\times(-3)+b$ より，$b=10$
よって，直線 BP の式は，$y=2x+10$
$y=0$ だから，$0=2x+10$ より，$x=-5$

7 平 面 図 形

解答	p.14～p.15

1 (1) 3π cm^2 (2) 3π cm (3) $54°$

(4)$(25\pi+48)$ cm²

2 $\dfrac{3}{2}\pi$ cm

3

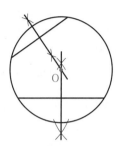

4

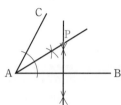

5

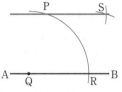

6

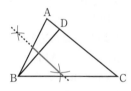

7

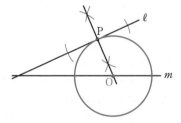

（解き方）

1 (1) $3\times3\times\pi\times\dfrac{120}{360}=3\pi$ (cm²)

(2) $9\times2\times\pi\times\dfrac{60}{360}=3\pi$ (cm)

(3) 半径 4cm の円の円周の長さは，

$4\times2\times\pi=8\pi$ (cm) だから，$\dfrac{6}{5}\pi:8\pi=3:20$

より，このおうぎ形は円の $\dfrac{3}{20}$ である。

よって，$\angle x=360°\times\dfrac{3}{20}=54°$

(4)右の図のように，求め
る部分は，半径 10 cm，
中心角 90° のおうぎ形と，
合同な直角三角形 2 個
に分けることができる。
よって，面積は，

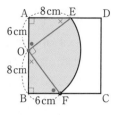

$10\times10\times\pi\times\dfrac{90}{360}+6\times8\times\dfrac{1}{2}\times2$

$=25\pi+48$ (cm²)

2 点 O は下の図の $O_1\sim O_4$ のように動き，$O_1\sim O_2$
および $O_3\sim O_4$ はそれぞれ直径 2 cm，中心角 90°
の円弧，$O_2\sim O_3$ は線分で，その長さは直径 2 cm，
中心角 90° の円弧と等しいから，

$2\times\pi\times\dfrac{90}{360}\times2+2\times\pi\times\dfrac{90}{360}=\dfrac{3}{2}\pi$ (cm)

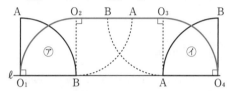

3 平行でない 2 本の弦をかき，それらの垂直二等分線
の交点を O とすればよい。

4 線分 AB の垂直二等分線と，∠CAB の二等分線の
交点を P とすればよい。

5 線分 AB 上に点 Q をとり，四角形 PQRS がひし形
になるように S をとり，P と S を結べばよい。

6 線分 BD の垂直二等分線を作図すればよい。

7 点 P を通って直線 ℓ と垂直な直線を作図し，直線
m と交わる点を O とし，O を中心とする半径 OP
の円をかけばよい。

8 空間図形

解答	p.16～p.17

1 (1) $5:1$　(2) 108 cm²

2 (1) $\dfrac{\pi}{6}$ 倍　(2) $\dfrac{\pi}{6}$ 倍

3 18 cm

4 50π cm³

5 (1) 54π cm³　(2) 88π cm²　(3) $\dfrac{8}{3}\pi$ cm

(4) 頂点の数…12 個，辺の数…30 本

(5) 16 cm

（解き方）

1 (1) 三角錐 ABDE の体積は，

$6 \times 6 \times \frac{1}{2} \times 6 \times \frac{1}{3} = 36$ (cm³)，立方体の体積は，

$6 \times 6 \times 6 = 216$ (cm³) だから，2 つの立体の体積

比は，$(216 - 36) : 36 = 180 : 36 = 5 : 1$

(2) 2 つの立体の面のうち，△BDE の面は共通で，

△ABD＝△CBD，△AEB＝△FEB，

△AED＝△HED だから，表面積の差は，1 辺

が 6 cm の正方形の面 3 つ分である。

よって，$6 \times 6 \times 3 = 108$ (cm²)

2 (1) 立方体の体積は，$6 \times 6 \times 6 = 216$ (cm³)，球の体積

は，$\frac{4}{3} \times \pi \times 3 \times 3 \times 3 = 36\pi$ (cm³) であるから，

$\frac{36\pi}{216} = \frac{\pi}{6}$ (倍)

(2) 立方体の表面積は，$6 \times 6 \times 6 = 216$ (cm²)，球の表

面積は，$4 \times \pi \times 3 \times 3 = 36\pi$ (cm²) であるから，

$\frac{36\pi}{216} = \frac{\pi}{6}$ (倍)

> **⚠ ここに注意**
>
> 半径が r である球の体積 $\frac{4}{3}\pi r^3$，表面積は
> $4\pi r^2$ である。

3 半球の体積は，$\frac{4}{3} \times \pi \times 9 \times 9 \times 9 \times \frac{1}{2} = 486\pi$ (cm³)

だから，円錐の高さを h cm とすると，

$9 \times 9 \times \pi \times h \times \frac{1}{3} = 486\pi$ が成り立つ。

よって，$h = 18$

4 底面の半径が 5 cm，高さが 6 cm の円錐になるから，

体積は，$5 \times 5 \times \pi \times 6 \times \frac{1}{3} = 50\pi$ (cm³)

5 (1) 底面の半径が 3 cm，高さが 6 cm の円柱である

から，体積は，$3 \times 3 \times \pi \times 6 = 54\pi$ (cm³)

(2) 底面の半径が

4 cm，高さが

7 cm の円柱であ

るから，展開図

は右の図のよう

になり，表面積

は，

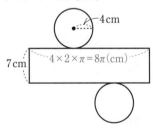

$4 \times 4 \times \pi \times 2 + 4 \times 2 \times \pi \times 7 = 88\pi$ (cm²)

(3) 底面の円周の長さは，側面になるおうぎ形の弧

の長さに等しいから，$4 \times 2 \times \pi \times \frac{120}{360} = \frac{8}{3}\pi$ (cm)

(4) 正二十面体は正三角形の面が 20 個でできている

ので，分解すると，辺が $3 \times 20 = 60$ (本)，頂点

が $3 \times 20 = 60$ (個) ある。立体では，2 本の辺が

集まって 1 本の辺になり，5 個の頂点が集まって

1 個の頂点になっているから，正二十面体の辺の

数は $60 \div 2 = 30$ (本)，頂点の数は $60 \div 5 = 12$ (個)

である。

(5) 水面の高さと鉄球 2 個分の高さが等しいので，

鉄球 4 個を入れたとき鉄球はすべて水中にある。

鉄球 4 個の体積は，

$\frac{4}{3} \times \pi \times 3 \times 3 \times 3 \times 4 = 144\pi$ (cm³) だから，これ

を容器の底面積でわると，$\frac{144\pi}{6 \times 6 \times \pi} = 4$ (cm) だ

け水面が上がることがわかる。

よって，$12 + 4 = 16$ (cm)

9 平行と合同

解答　　　　　　　　　　　　　　　　p.18 ～ p.19

1 (1) 120°　(2) 50°　(3) 110°　(4) 16°　(5) 540°

2 △AEF と △CDF において，

四角形 ABCD は長方形で，折り返した辺の長

さは等しいから，AE＝CD ……①

また，∠AEF＝∠CDF＝90° ……②

対頂角が等しいから，∠AFE＝∠CFD ……③

②，③より，三角形の残りの角も等しいから，

∠EAF＝∠DCF ……④

①，②，④より，1 組の辺とその両端の角がそ

れぞれ等しいから，△AEF≡△CDF

3 △ABE と △ADG において，

四角形 ABCD と四角形 AEFG はともに正方形

だから，AB＝AD ……①，AE＝AG ……②

また，

∠BAE＝∠BAD－∠EAD＝90°－∠EAD

∠DAG＝∠EAG－∠EAD＝90°－∠EAD

よって，∠BAE＝∠DAG ……③

①，②，③より，2 組の辺とその間の角がそれ

ぞれ等しいから，△ABE≡△ADG

4 △PAE と △QAD において，

正方形 AEFG と正方形 ABCD は合同な正方形

だから，AE＝AD ……①，

∠PAE＝∠QAD＝90° ……②

また，AE＝AD より，

△AED は二等辺三角形だから，

∠AEP＝∠ADQ ……③

①，②，③より，1 組の辺とその両端の角がそ

れぞれ等しいから，△PAE≡△QAD

したがって，AP＝AQ

5 △ACE と △DCB において，
△ACD と △CBE は正三角形だから，
AC＝DC ……①，CE＝CB ……②
また，
∠ACE＝180°－∠ECB＝180°－60°＝120°
∠DCB＝180°－∠DCA＝180°－60°＝120°
よって，∠ACE＝∠DCB ……③
①，②，③より，2組の辺とその間の角がそれぞれ等しいから，△ACE≡△DCB

解き方

1 (1) 外角の和は 360° であることを利用すると，
80°＋105°＋70°＋45°＝300° より，∠x の外角は
360°－300°＝60°
よって，∠x＝120°

(2) ℓ∥m∥n となるように
直線 n をひくと，右の
図において，
∠a＝180°－127°＝53°，
∠b＝39° だから，
∠c＝53°＋39°＝92°
よって，∠x＝180°－(38°＋92°)＝50°

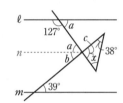

(3) •＝a，°＝b とすると，△ABC の内角の和を考えて，2a＋2b＝180°－40°＝140°
これより，a＋b＝70°
△ADC の内角の和を考えると，
∠x＝180°－(a＋b)＝180°－70°＝110°

(4) ℓ∥m∥n となるように
直線 n をひくと，右の
図において，
∠a＝52°
∠a＋∠b＝108°
∠b＝108°－52°＝56°
よって，∠x＝180°－(56°＋108°)＝16°

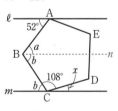

(5) *をつけた 7 個の角は，内
側にできた七角形の外角
であるから，その和は
360°
また，•をつけた 7 個の
角の和も同様に 360°
よって，求める角の和は三角形 7 個の内角の和
から 360°を 2 つひくと，
180°×7－360°×2＝540°

七角形

10　三角形と四角形

解答　p.20～p.21

1 (1) 21°　(2) 65°　(3) ∠x＝70°，∠y＝75°

2 (ア) ①　(イ) ⑦　(ウ) ⑤　(エ) ⑧

3 △ADC と △AEB において，
仮定より，∠ADC＝∠AEB＝90° ……①
AC＝AB ……②
また，共通な角だから，
∠DAC＝∠EAB ……③
①，②，③より，直角三角形の斜辺と 1 つの鋭
角がそれぞれ等しいから，△ADC≡△AEB
したがって，AD＝AE

4 △ABE と △FDG において，
仮定より，∠AEB＝∠FGD＝90° ……①
平行四辺形の対角は等しいから，
∠ABE＝∠FDG ……②
また，AD∥BC より，錯角は等しいから，
∠DFC＝∠FCB
これと，∠FCB＝∠DCF から，
∠DFC＝∠DCF
よって，DF＝DC ……③
平行四辺形の対辺は等しいから，
AB＝DC ……④
③，④より，AB＝FD ……⑤
①，②，⑤より，直角三角形の斜辺と 1 つの鋭
角がそれぞれ等しいから，△ABE≡△FDG
したがって，AE＝FG

5 △GBF と △HEA において，
仮定より，∠GBF＝∠HEA＝90° ……①
平行四辺形の対辺は等しいから，AD＝BC で
あり，E，F はそれぞれの中点だから，
BF＝EA ……②
また，AD∥BC より，錯角は等しいから，
∠GFB＝∠HAE ……③
①，②，③より，1 組の辺とその両端の角がそ
れぞれ等しいから，△GBF≡△HEA
したがって，GF＝HA

6 AD∥BC，AC∥DE だから，四角形 ACED は
平行四辺形であり，AC＝DE
これと AC＝DB から，DB＝DE であるから，
∠DBC＝∠DEC
また，AC∥DE より，同位角は等しいから，

∠DEC＝∠ACB

よって，∠ACB＝∠DBC ……①

△ABC と △DCB において，

仮定より，AC＝DB ……②

また，共通な辺だから BC＝CB ……③

①，②，③より，2 組の辺とその間の角がそれ

ぞれ等しいから，△ABC≡△DCB

したがって，AB＝DC

解き方

1 (1) ∠ADC＝∠ABC＝48° だから，

∠CDF＝90°－48°＝42°

△DCF は DC＝DF の二等辺三角形だから，

∠DFC＝(180°－42°)÷2＝69°

よって，∠CFE＝90°－69°＝21°

(2) ∠x＝∠AEB＝∠ABE＝180°－115°＝65°

(3) ∠x＝(180°－40°)÷2＝70°

∠DCB＝70°÷2＝35° だから，

∠y＝180°－(70°＋35°)＝75°

11 データの整理

1 (1) 20 時間以上 25 時間未満の階級

(2) 0.26

2 x＝53，y＝305，平均値…58.1 g

3 (例) 10 冊以上の本を借りた人数は，

12＋5＋4＋2＋5＝28 (人) であり，その割合

は，28÷40＝0.7

よって，7 割となり，8 割以上ではない。

4 最頻値…4 点，平均値…3 点

5 (1) 10－2y

(2) (例) y が最頻値だから，y は 4 以上の自然数

である。x＝10－2y より，y が 5 以上に

なると x の値は自然数でなくなるから，

y＝4 と決まる。このとき，

x＝10－2×4＝2

6 ア，エ

解き方

1 (2) 相対度数は，ある階級の度数を，度数の合計で

わった値である。15 時間以上 20 時間未満の階級

の度数は 9 人だから，相対度数は，

9÷35＝0.257… より，0.26

2 x＝106÷2＝53，y＝61×5＝305

度数分布表から平均値を求めるときは，「階級値×

度数」の合計を計算し，度数の合計でわる。

よって，平均値は，1162÷20＝58.1 (g)

4 0×1＋1×5＋2×2＋3×2＋4×6＋5×3＋6×1

＝60 (点) より，平均値は 60÷20＝3(点)

5 (1) 得点の合計が 120 点であったことから，

0×0＋1×0＋2×1＋3x＋4×3＋5×2＋6y＋7×2

＋8×3＋9×2＋10×1＝120

これを整理して，

3x＋6y＋90＝120　x＝10－2y

6 ア 数学も英語も中央値が 50 点未満だから，50 点

以上の人は多くても 55 人である。

イ 範囲も四分位範囲も数学のほうが大きい。

ウ 数学の第 1 四分位数は，30 点より低く，英語の

第 1 四分位数は 30 点より高い。

エ 数学の第 3 四分位数は 70 点より高いので，70

点以上の人は少なくとも 28 人いる。英語の第 3

四分位数は 70 点より低いので，70 点以上の人

は多くても 27 人である。

オ 英語の四分位範囲は 40 点未満である。

12 確 率

1 (1) $\frac{1}{9}$　(2) $\frac{5}{12}$　(3) $\frac{7}{36}$　(4) $\frac{1}{9}$　(5) $\frac{1}{6}$

2 (1) $\frac{1}{5}$　(2) $\frac{2}{5}$　(3) $\frac{4}{9}$

3 (1) $\frac{3}{8}$　(2) $\frac{3}{5}$　(3) $\frac{7}{10}$

解き方

1 すべての場合の数は 6×6＝36(通り)

(1) 目の数の積が 9，18，27，36 になる場合をそれ

ぞれ考えると，積が 9 になるのは (3，3) の 1 通り，

18 になるのは (3，6)，(6，3) の 2 通り，27 にな

ることはなく，36 になるのは (6，6) の 1 通りだ

から，全部で 4 通りある。

よって，確率は，$\frac{4}{36}＝\frac{1}{9}$

(2) 36 通りのうち，$a＝b$ となるのが 6 通りあり，残

りの 30 通りのうち，$a>b$ になる場合と $a<b$ に

なる場合とが同数だから，15 通りずつである。

よって，確率は，$\frac{15}{36}＝\frac{5}{12}$

(3) 得点が 4 点になるのは，(4, 1)，(1, 4)，(4, 2)，(2, 4)，(4, 3)，(3, 4)，(2, 2) の 7 通り

よって，確率は，$\dfrac{7}{36}$

(4) $xy=6$ となればよいので，(1, 6)，(6, 1)，(2, 3)，(3, 2) の 4 通り

よって，確率は，$\dfrac{4}{36}=\dfrac{1}{9}$

(5) a が偶数で，b が 3 の倍数になればよいから，(2, 3)，(2, 6)，(4, 3)，(4, 6)，(6, 3)，(6, 6) の 6 通り

よって，確率は，$\dfrac{6}{36}=\dfrac{1}{6}$

2 (1) 2 けたの整数は全部で $5\times4=20$（通り）できて，そのうち 4 の倍数は，12，24，32，52 の 4 通り

だから，確率は，$\dfrac{4}{20}=\dfrac{1}{5}$

(2) カードの取り出し方は全部で $5\times5=25$（通り）あり，そのうち $\dfrac{b}{a}$ が整数になるのは，

$\dfrac{1}{1}$，$\dfrac{2}{1}$，$\dfrac{3}{1}$，$\dfrac{4}{1}$，$\dfrac{5}{1}$，$\dfrac{2}{2}$，$\dfrac{4}{2}$，$\dfrac{3}{3}$，$\dfrac{4}{4}$，$\dfrac{5}{5}$ の

10 通りだから，確率は，$\dfrac{10}{25}=\dfrac{2}{5}$

(3) カードの取り出し方は全部で $3\times3\times3=27$（通り）ある。得点の合計が 4 点になるのは，偶数のカードを 1 回，奇数のカードを 2 回取り出したときだから，「偶数→奇数→奇数」の順に取り出す場合が，(2, 1, 1)，(2, 1, 3)，(2, 3, 1)，(2, 3, 3) の 4 通りで，「奇数→偶数→奇数」，「奇数→奇数→偶数」の順に取り出す場合もそれぞれ 4 通りずつあるから，全部で $4\times3=12$（通り）ある。

よって，確率は，$\dfrac{12}{27}=\dfrac{4}{9}$

3 (1) 硬貨の裏表の出方は全部で $2\times2\times2=8$（通り）あり，1 枚が表で，2 枚が裏になる場合は，A，B，C のうち，どの硬貨が表になるかを考えることだから，3 通りある。

よって，確率は，$\dfrac{3}{8}$

(2) 5 人から 2 人選ぶ選び方は，AB，AC，<u>AD</u>，<u>AE</u>，BC，<u>BD</u>，<u>BE</u>，<u>CD</u>，<u>CE</u>，DE の 10 通りであり，下線の 6 通りがあてはまるから，確率は，$\dfrac{6}{10}=\dfrac{3}{5}$

(3) 5 個の玉から 2 個の玉を取り出す取り出し方は，赤玉を A，B，C，白玉を D，E とすると，<u>AB</u>，<u>AC</u>，AD，AE，<u>BC</u>，BD，BE，CD，CE，DE

の 10 通りであり，1 つも白玉が出ないのは下線の 3 通りがあてはまるから，確率は，$1-\dfrac{3}{10}=\dfrac{7}{10}$

1 多項式の計算

Step 1 解答 p.26 〜 p.27

1 (1) $3a^2+12ab$　(2) $15x^2-35xy$　(3) $-12ab+2b^2$
(4) $-20a^2-8ab+4a$　(5) $6x^2-12xy+18x$
(6) $-16m^2+32mn-24m$

2 (1) $3a+5$　(2) $4a+b$　(3) $-3a+4$　(4) $-3x+2y$

3 (1) $xy+5x+2y+10$　(2) $ab+6a-3b-18$
(3) $ac-ad-bc+bd$　(4) $x^2+7x+12$

4 (1) x^2+5x+6　(2) $x^2-8x+15$
(3) $x^2+4x-12$　(4) $a^2-2a+\dfrac{3}{4}$

5 (1) x^2+4x+4　(2) $a^2-16a+64$
(3) $x^2+\dfrac{2}{3}x+\dfrac{1}{9}$　(4) $a^2-\dfrac{4}{3}a+\dfrac{4}{9}$

6 (1) x^2-9　(2) x^2-49　(3) $4a^2-b^2$
(4) $25m^2-4n^2$

解き方

1 (3) $-2b(6a-b)=-2b\times6a-2b\times(-b)$
$=-12ab+2b^2$
(6) $(2m-4n+3)\times(-8m)$
$=2m\times(-8m)-4n\times(-8m)+3\times(-8m)$
$=-16m^2+32mn-24m$

2 (3) $(12a^2-16a)\div(-4a)$
$=12a^2\div(-4a)-16a\div(-4a)=-3a+4$

3 (4) $(x+3)(x+4)=x^2+4x+3x+12=x^2+7x+12$

4 (1) $2+3=5$，$2\times3=6$ より，x^2+5x+6

5 (1) $2\times2=4$，$2^2=4$ より，x^2+4x+4

6 (3) $(2a+b)(2a-b)=(2a)^2-b^2=4a^2-b^2$

Step 2 解答 p.28 〜 p.29

1 (1) $3x^2+12xy$　(2) $-6a^2+8ab$
(3) $12x^2y-28xy^2+32xy$　(4) $3xy-1$
(5) $-6x+10y$　(6) $2x^2-3x+1$

2 (1) $8x^2+2xy-y^2$　(2) $10x^2-9xy-9y^2$
(3) $6a^2+7ab-10b^2$　(4) $28a^2+5ab-3b^2$

3 (1) $4x^2-24x$　(2) $2a^2-7ab$
(3) a^2-a-b^2-b　(4) $2x^2-7xy+6y^2-2x+4y$

11

(5) $-2x-1$　(6) $2a^2+ab-2b^2$

4 (1) $x^2+\dfrac{1}{6}x-\dfrac{1}{6}$　(2) $x^2+1.4x+0.48$

(3) $x^2-6xy+9y^2$　(4) $a^2-\dfrac{4}{3}ab+\dfrac{4}{9}b^2$

(5) $9x^2-25y^2$　(6) $\dfrac{x^2}{4}-\dfrac{4}{9}y^2$

5 (1) $5x+7$　(2) b^2　(3) $8xy$　(4) $4xy+5y^2$

(5) $-5x^2+12xy-13y^2$　(6) $-\dfrac{9}{4}$

6 -4

解き方

1 (4) $(6x^2y-2x)\div 2x=6x^2y\div 2x-2x\div 2x$
　　　$=3xy-1$

⚠ **ここに注意**

> $2x\div 2x$ は 1 であって 0 ではない。1 を忘れないようにしよう。

(5) $(9x^2y-15xy^2)\div\left(-\dfrac{3}{2}xy\right)$

　　$=9x^2y\div\left(-\dfrac{3}{2}xy\right)-15xy^2\div\left(-\dfrac{3}{2}xy\right)$

　　$=-6x+10y$

2 (1) $(4x-y)(2x+y)=8x^2+4xy-2xy-y^2$
　　　$=8x^2+2xy-y^2$

3 (1) $3x(2x-4)-2x(x+6)$
　　　$=6x^2-12x-2x^2-12x=4x^2-24x$

(2) $-4a(a-2b)+3a(2a-5b)$
　　$=-4a^2+8ab+6a^2-15ab=2a^2-7ab$

(3) $(a+b)(a-b-1)$
　　$=a^2-ab-a+ab-b^2-b=a^2-a-b^2-b$

(4) $(2x-3y-2)(x-2y)$
　　$=2x^2-4xy-3xy+6y^2-2x+4y$
　　$=2x^2-7xy+6y^2-2x+4y$

(5) $x(2x-7)-(2x^2-5x+1)$
　　$=2x^2-7x-2x^2+5x-1=-2x-1$

(6) $(a-b)(3a+2b)-a(a-2b)$
　　$=3a^2+2ab-3ab-2b^2-a^2+2ab$
　　$=2a^2+ab-2b^2$

5 (1) $(x+2)(x+3)-(x^2-1)$
　　　$=x^2+5x+6-x^2+1=5x+7$

(2) $(a+b)^2-a(a+2b)$
　　$=a^2+2ab+b^2-a^2-2ab=b^2$

(3) $(2x+y)^2-(2x-y)^2$
　　$=4x^2+4xy+y^2-(4x^2-4xy+y^2)$
　　$=4x^2+4xy+y^2-4x^2+4xy-y^2=8xy$

(4) $(x+2y)^2-(x+y)(x-y)$
　　$=x^2+4xy+4y^2-(x^2-y^2)$
　　$=x^2+4xy+4y^2-x^2+y^2=4xy+5y^2$

(5) $(2x-3y)(2x+3y)-(3x-2y)^2$
　　$=4x^2-9y^2-(9x^2-12xy+4y^2)$
　　$=4x^2-9y^2-9x^2+12xy-4y^2$
　　$=-5x^2+12xy-13y^2$

(6) $(a+1)(a-2)-\dfrac{(2a-1)^2}{4}$

　　$=\dfrac{4(a^2-a-2)-(4a^2-4a+1)}{4}$

　　$=\dfrac{4a^2-4a-8-4a^2+4a-1}{4}=-\dfrac{9}{4}$

6 $(3x^2+2x+1)(x^2-2x-3)$ を展開したときに現れる x^3 の項は，$3x^2\times(-2x)=-6x^3$ と $2x\times x^2=2x^3$ であるから，x^3 の係数は $-6+2=-4$

2　因 数 分 解

Step 1　解答

p.30 〜 p.31

1 (1) $x(x-5y)$　(2) $3a(2b-3c)$
　　(3) $4(a+6b+4c)$　(4) $2ab(2a-4b+5)$

2 (1) $(x+2)(x+4)$　(2) $(x-3)(x-4)$
　　(3) $(a-1)(a-8)$　(4) $(x+3y)(x+9y)$

3 (1) $(x+9)(x-4)$　(2) $(x+2)(x-5)$
　　(3) $(x+2y)(x-7y)$　(4) $(a+5b)(a-3b)$

4 (1) $(x+3)^2$　(2) $(a-8)^2$　(3) $(x+10y)^2$
　　(4) $(2x-1)^2$

5 (1) $(x+6)(x-6)$　(2) $(3+x)(3-x)$
　　(3) $(4x+3)(4x-3)$　(4) $(5a+1)(5a-1)$

6 (1) $2(x+6)(x-1)$　(2) $3y(x+2)(x-2)$

7 (1) $(b-1)(a+2)$　(2) $(x+6)(x+2)$

解き方

1 (4) $4a^2b-8ab^2+10ab=2ab\times 2a-2ab\times 4b+2ab\times 5$
　　　$=2ab(2a-4b+5)$

⚠ **ここに注意**

> 共通因数はできるだけ外にくくり出す必要がある。例えば，(4)で $ab(4a-8b+10)$ などとしてはいけない。

2 (1) 和が 6，積が 8 となる 2 数を見つける。

3 (1) 和が 5，積が -36 となる 2 数を見つける。

4 (4) $4x^2-4x+1=(2x)^2-2\times 1\times 2x+1^2=(2x-1)^2$

5 (4) $25a^2-1=(5a)^2-1^2=(5a+1)(5a-1)$

6 (2) $3x^2y-12y=3y(x^2-4)=3y(x+2)(x-2)$

7 (1) $b-1=X$ とおくと，$aX+2X=X(a+2)$

X をもとにもどして，$(b-1)(a+2)$

(2) $x+4=A$ とおくと，$A^2-4=(A+2)(A-2)$

A をもとにもどして，

$(x+4+2)(x+4-2)=(x+6)(x+2)$

別解

展開してから因数分解する。

$(x+4)^2-4=x^2+8x+16-4$

$=x^2+8x+12=(x+6)(x+2)$

Step 2	解答	p.32〜p.33

1 (1) $(x-7)^2$　(2) $(a+3b)(a+10b)$

(3) $(x+7)(x-9)$　(4) $(2a-5b)^2$

(5) $(1+4x)(1-4x)$　(6) $\left(x-\dfrac{1}{3}\right)^2$

(7) $(x-6)^2$　(8) $(2a+7)(2a-7)$

(9) $(x+5)(x-4)$　(10) $(x-3)(x-8)$

2 (1) ① 6　② 3　③ 1

(2) (ア，イ，ウ)$=(17,\ 18,\ 1)$，$(7,\ 9,\ 2)$，

$(3,\ 6,\ 3)$ のいずれか

3 (1) $3a(x-y)(x-2y)$　(2) $a(x-1)(x-2)$

(3) $y(x+12)(x-13)$　(4) $2(2x+3y)(2x-3y)$

4 (1) $(x-8)(x-9)$　(2) $(x-2)(x-16)$

(3) $(a+b+2)^2$　(4) $(x-3)(y+2)(y-2)$

5 (1) 6　(2) 9　(3) 3　(4) 3　(5) 3

6 (1) $(y-6)(x+3)$　(2) $(x-4+2y)(x-4-2y)$

(3) $(2x+1+y)(2x+1-y)$

(4) $(a+1)(x+1)(x-1)$

解き方

1 (4) $4a^2-20ab+25b^2=(2a)^2-2\times5b\times2a+(5b)^2$

$=(2a-5b)^2$

(6) $x^2-\dfrac{2}{3}x+\dfrac{1}{9}=x^2-2\times\dfrac{1}{3}\times x+\left(\dfrac{1}{3}\right)^2=\left(x-\dfrac{1}{3}\right)^2$

(9) 展開してから因数分解する。

$x(x+1)-20=x^2+x-20=(x+5)(x-4)$

(10) $(x-12)(x-2)+3x=x^2-14x+24+3x$

$=x^2-11x+24=(x-3)(x-8)$

2 (1) $9x^2-ax+1=(bx-c)^2$ とすると，

$9x^2-ax+1=b^2x^2-2bcx+c^2$ より，$b^2=9$，

$c^2=1$ だから，$b=3$，$c=1$ の順に決定する。

$a=2bc=6$

(2) かけて -18，たして正の整数になる 2 つの整数

の組は $(18,\ -1)$，$(9,\ -2)$，$(6,\ -3)$ の 3 組あ

るから，2 数を加えた 17，7，3 をアとし，$(18,\ 1)$，

$(9,\ 2)$，$(6,\ 3)$ をイ，ウとすればよい。

3 まず，共通因数でくくり，さらに因数分解する。

(1) $3ax^2-9axy+6ay^2=3a(x^2-3xy+2y^2)$

$=3a(x-y)(x-2y)$

(2) $ax^2-3ax+2a=a(x^2-3x+2)=a(x-1)(x-2)$

(3) $x^2y-xy-156y=y(x^2-x-156)$

$=y(x+12)(x-13)$

(4) $8x^2-18y^2=2(4x^2-9y^2)$

$=2(2x+3y)(2x-3y)$

🔔 **ここに注意**

共通因数があるときは，まず，共通因数でく
くってから因数分解を考える。

4 おきかえを利用して因数分解する。

(1) $x-5=X$ とおくと，$(x-5)^2-7(x-5)+12$

$=X^2-7X+12=(X-3)(X-4)$

$=\{(x-5)-3\}\{(x-5)-4\}=(x-8)(x-9)$

別解

展開して整理すると，$(x-5)^2-7(x-5)+12$

$=x^2-10x+25-7x+35+12=x^2-17x+72$

これを因数分解して，$(x-8)(x-9)$

(2) $x-4=X$ とおくと，$(x-4)^2-10(x-4)-24$

$=X^2-10X-24=(X+2)(X-12)$

$=\{(x-4)+2\}\{(x-4)-12\}=(x-2)(x-16)$

(3) $a+b=X$ とおくと，$(a+b)^2+4(a+b)+4$

$=X^2+4X+4=(X+2)^2=(a+b+2)^2$

(4) $x-3=X$ とおくと，$(x-3)y^2-4(x-3)$

$=Xy^2-4X=X(y^2-4)=X(y+2)(y-2)$

$=(x-3)(y+2)(y-2)$

6 項の組み合わせを考える。

(1) $xy-6x+3y-18=\underline{x(y-6)}+\underline{3(y-6)}$

共通因数 $y-6$ でくくると，$(y-6)(x+3)$

(2) $x^2-4y^2-8x+16=\underline{(x-4)^2-(2y)^2}$

$=(x-4+2y)(x-4-2y)$

(3) $4x^2-y^2+4x+1=\underline{(2x+1)^2-y^2}$

$=(2x+1+y)(2x+1-y)$

🔔 **ここに注意**

$4x^2+4x+1$ のように，因数分解すると $(\quad)^2$
の形になる 3 項式の組み合わせを見つける。

(4) $ax^2-1+x^2-a=\underline{a(x^2-1)}+\underline{(x^2-1)}$

$=(x^2-1)(a+1)=(a+1)(x+1)(x-1)$

ここに注意

(x^2-1) のように，さらに因数分解できる部分をそのままにしておかないこと。

3 式の計算の利用

Step 1 解答 p.34 〜 p.35

1 (1) 10609 (2) 39601 (3) 2499 (4) 4896

2 (a^2+5a+6) cm²

3 (1) 600 (2) 4000

4 エ

5 (1) 400 (2) 96

6 (1) 2 つの連続する整数を n，$n+1$ (n は整数)とおくと，大きい整数の 2 乗から小さい整数の 2 乗をひいた差は，
$(n+1)^2-n^2=n^2+2n+1-n^2=2n+1$
$=n+(n+1)$
となり，はじめの 2 つの整数の和に等しい。

(2) 3 つの連続する整数を n，$n+1$，$n+2$ とおくと，最も大きい整数の 2 乗から最も小さい整数の 2 乗をひいた差は，
$(n+2)^2-n^2=n^2+4n+4-n^2=4n+4$
$=4(n+1)$
となり，中央の整数の 4 倍に等しい。

(3) 道の真ん中を通る円の半径は $\left(r+\dfrac{1}{2}a\right)$ m だから，直径は $(2r+a)$ m
よって，その円周の長さ ℓ は，$\ell=\pi(2r+a)$
道の面積 S は，
$S=\pi(r+a)^2-\pi r^2=\pi(r^2+2ar+a^2)-\pi r^2$
$=\pi(2ar+a^2)=\pi a(2r+a)$
したがって，$S=a\ell$ が成り立つ。

解き方

1 (1) $103^2=(100+3)^2=100^2+2\times3\times100+3^2$
$=10000+600+9=10609$

(2) $199^2=(200-1)^2=200^2-2\times1\times200+1^2$
$=40000-400+1=39601$

(3) $51\times49=(50+1)\times(50-1)=50^2-1^2$
$=2500-1=2499$

(4) $68\times72=(70-2)\times(70+2)=70^2-2^2$
$=4900-4=4896$

2 $(a+2)(a+3)=a^2+5a+6$ (cm²)

3 (1) $53^2-47^2=(53+47)\times(53-47)=100\times6=600$

(2) $1001^2-999^2=(1001+999)\times(1001-999)$
$=2000\times2=4000$

ここに注意

○²−□² の計算は，和と差の積を利用するほうが簡単である。

4 エ $6n-6=6(n-1)$ で，n が整数のとき，$n-1$ も整数だから，$6(n-1)$ は 6 の倍数になる。
他の式は，n の値によっては 6 の倍数になることもあるが，いつでも 6 の倍数になるとはいえない。

5 (1) $x^2-4x+4=(x-2)^2=(22-2)^2=20^2=400$

(2) $x^2+xy=x(x+y)=9.6\times(9.6+0.4)$
$=9.6\times10=96$

Step 2 解答 p.36 〜 p.37

1 (1) 39975 (2) 10001

2 (1) 16 (2) 20 (3) 4 (4) 80

3 道の真ん中を通る線の長さ ℓ は，1 辺が $(p+a)$ m の正方形の周の長さだから，$\ell=4(p+a)$
道の面積 S は，
$S=(p+2a)^2-p^2=p^2+4ap+4a^2-p^2$
$=4a(p+a)$
したがって，$S=a\ell$ が成り立つ。

4 (整数 n を使って，小さいほうの奇数を $2n-1$ とする。)このとき，大きいほうの奇数は $2n+1$ と表すことができるので，2 つの奇数の積から小さいほうの奇数の 2 倍をひいた数は，
$(2n-1)(2n+1)-2(2n-1)=4n^2-1-4n+2$
$=4n^2-4n+1=(2n-1)^2$
となり，小さいほうの奇数の 2 乗に等しい。

5 連続する 3 つの自然数を n，$n+1$，$n+2$ とすると，最も小さい自然数と最も大きい自然数の積に 1 を加えた数は，
$n(n+2)+1=n^2+2n+1=(n+1)^2$
となり，中央の自然数の 2 乗に等しい。

6 (1) 23，24，25

(2) $b=a+7$ であるから，
$6a^2+b^2=6a^2+(a+7)^2$
$=6a^2+a^2+14a+49$
$=7a^2+14a+49=7(a^2+2a+7)$
a は自然数だから，a^2+2a+7 も自然数である。よって $6a^2+b^2$ は 7 の倍数である。

1 (1) $205 \times 195 = (200+5) \times (200-5) = 200^2 - 5^2$
$\qquad = 40000 - 25 = 39975$

(2) $5001^2 - 5000^2 = (5001+5000) \times (5001-5000)$
$\qquad = 10001 \times 1 = 10001$

2 (1) $x^2 + 9x - 36 = (x+12)(x-3)$
$\qquad = (-13+12) \times (-13-3) = (-1) \times (-16) = 16$

(2) $(x-1)(x+3) - (x-3)(x-5)$
$\qquad = x^2 + 2x - 3 - x^2 + 8x - 15 = 10x - 18$
$\qquad = 10 \times 3.8 - 18 = 20$

(3) $x^2 - 2xy + y^2 = (x-y)^2 = \left(\dfrac{5}{3} + \dfrac{1}{3}\right)^2 = 2^2 = 4$

(4) $ab^2 - 64a = a(b^2 - 64) = a(b+8)(b-8)$
$\qquad = \dfrac{1}{9} \times 36 \times 20 = 80$

🚨 ここに注意

式に値を代入するときは，因数分解などの式の変形を行い，計算が簡単になるように工夫する。

Step 3 解答 p.38〜p.39

1 (1) $5x+16$　(2) $5x^2 - 15x - 11$　(3) $-9y^2$
(4) $\dfrac{-5x^2 + 2xy + y^2}{2}$　(5) c^2

2 (1) $(a+3b)(a+b-2)$　(2) $(x-1)(x-3+y)$
(3) $(x+y+2)(x+y-7)$
(4) $(x-1)(x-2)(x^2 - 3x - 3)$
(5) $(a+b)(a-b)(a-c)$　(6) $(x-1)(x+2)(x-6)$
(7) $(x+4y)(x-3y+1)$

3 (1) $\dfrac{145}{6}$　(2) 0　(3) 10

4 -1

5 2200

6 （n を整数とし，中央の奇数を $2n+1$ とする。）
このとき，最も小さい奇数は $2n-1$，最も大きい奇数は $2n+3$ となるから，中央の奇数と最も大きい奇数の積から，中央の奇数と最も小さい奇数の積をひいた差は，
$(2n+1)(2n+3) - (2n+1)(2n-1)$
$= (2n+1)\{(2n+3) - (2n-1)\} = 4(2n+1)$
となり，中央の奇数の 4 倍に等しい。

解き方

1 (1) $(x+2)^2 - (x+3)(x-4) = x^2 + 4x + 4 - (x^2 - x - 12)$
$\qquad = x^2 + 4x + 4 - x^2 + x + 12 = 5x + 16$

---

(2) $(3x+1)(3x-2) - (2x+3)^2$
$\qquad = 9x^2 - 3x - 2 - (4x^2 + 12x + 9)$
$\qquad = 9x^2 - 3x - 2 - 4x^2 - 12x - 9 = 5x^2 - 15x - 11$

(3) $(2x+y)(2x-5y) - 4(x-y)^2$
$\qquad = 4x^2 - 8xy - 5y^2 - 4(x^2 - 2xy + y^2)$
$\qquad = 4x^2 - 8xy - 5y^2 - 4x^2 + 8xy - 4y^2 = -9y^2$

(4) $\dfrac{(3x-y)(x+y)}{2} - (2x+y)(2x-y)$
$\qquad = \dfrac{3x^2 + 2xy - y^2}{2} - \dfrac{2(4x^2 - y^2)}{2}$
$\qquad = \dfrac{-5x^2 + 2xy + y^2}{2}$

(5) $3a+b = X$ とおくと，
$\quad (-3a-b+c)^2 - (3a+b)(3a+b-2c)$
$\quad = (-X+c)^2 - X(X-2c)$
$\quad = X^2 - 2Xc + c^2 - X^2 + 2Xc = c^2$

2 (1) $a^2 + 4ab + 3b^2 - 6b - 2a$
$\qquad = (a+b)(a+3b) - 2(a+3b) = (a+3b)(a+b-2)$

(2) $x^2 + xy - 4x - y + 3 = \underline{(x-1)(x-3)} + \underline{y(x-1)}$
$\qquad = (x-1)(x-3+y)$

(3) $x+y = A$ とおくと，
$\quad (x+y)(x+y-5) - 14 = A(A-5) - 14$
$\quad = A^2 - 5A - 14 = (A+2)(A-7)$
$\quad = (x+y+2)(x+y-7)$

(4) $x^2 - 3x = X$ とおくと，
$\quad (x^2 - 3x - 4)(x^2 - 3x + 3) + 6$
$\quad = (X-4)(X+3) + 6$
$\quad = X^2 - X - 6 = (X+2)(X-3)$
$\quad = (x^2 - 3x + 2)(x^2 - 3x - 3)$
$\quad = (x-1)(x-2)(x^2 - 3x - 3)$

(5) $\underline{a^3 + b^2c - a^2c - ab^2} = a(a^2 - b^2) - c(a^2 - b^2)$
$\qquad = (a^2 - b^2)(a-c) = (a+b)(a-b)(a-c)$

(6) $x^2(x-1) - 4(x^2 + 2x - 3)$
$\qquad = x^2(x-1) - 4(x-1)(x+3)$
$\qquad = (x-1)\{x^2 - 4(x+3)\} = (x-1)(x^2 - 4x - 12)$
$\qquad = (x-1)(x+2)(x-6)$

(7) $(x-12y)(x+y) + 4y(3x+1) + x$
$\qquad = x^2 - 11xy - 12y^2 + 12xy + 4y + x$
$\qquad = x^2 + xy - 12y^2 + x + 4y$
$\qquad = (x+4y)(x-3y) + (x+4y)$
$\qquad = (x+4y)(x-3y+1)$

3 (1) $(4x-3y)^2 + (3x+4y)^2 - 19(x^2 + y^2)$
$\qquad = 16x^2 - 24xy + 9y^2 + 9x^2 + 24xy + 16y^2 - 19x^2 - 19y^2$
$\qquad = 6x^2 + 6y^2 = 6 \times \left(\dfrac{1}{36} + 4\right) = \dfrac{145}{6}$

(2) $x^2+2xy+y^2-8x-8y+15$
  $=(x+y)^2-8(x+y)+15=5^2-8\times5+15=0$

(3) $(3a-b)^2-(3a+b)^2$
  $=\{(3a-b)+(3a+b)\}\{(3a-b)-(3a+b)\}$
  $=6a\times(-2b)=-12ab=-12\times\left(-\dfrac{5}{6}\right)=10$

4 $1998^2-1998\times1997-1999\times1998+1997\times1999$
  $=1998\times(1998-1997)-1999\times(1998-1997)$
  $=1998-1999=-1$

5 $2015=x,\ 202=y$ とおくと，求める式は，
  $xy-(x+3)(y+3)-(x-3)(y-3)+(x+1)(y+1)$
  $=xy-xy-3x-3y-9-xy+3x+3y-9$
  　　　$+xy+x+y+1$
  $=x+y-17=2015+202-17=2200$

第2章 平方根

4 平方根

Step 1 解答　　　　　p.40～p.41

1 (1) $\pm\sqrt5$　(2) ±3　(3) $\pm\sqrt{10}$　(4) ±6

　(5) ±0.4　(6) $\pm\sqrt{0.9}$　(7) 0　(8) $\pm\sqrt{\dfrac{2}{3}}$

2 (1) 7　(2) -8　(3) 5　(4) 3　(5) 6

　(6) -10　(7) 0.3　(8) $\dfrac{3}{4}$　(9) -9

3 (1) $\sqrt{15}>\sqrt{13}$　(2) $7<\sqrt{50}$

　(3) $2<\sqrt7<3$　(4) $-\sqrt{26}<-5<-\sqrt{23}$

4 (1) $2\sqrt2$　(2) $2\sqrt5$　(3) $4\sqrt2$　(4) $5\sqrt2$

　(5) $3\sqrt3$　(6) $5\sqrt3$　(7) $3\sqrt6$　(8) $7\sqrt2$

5 (1) $\sqrt{12}$　(2) $\sqrt{18}$　(3) $\sqrt{24}$　(4) $\sqrt{72}$

　(5) $\sqrt{48}$　(6) $\sqrt{45}$　(7) $\sqrt{216}$　(8) $\sqrt{300}$

6 (1) 14.14　(2) 44.72　(3) 141.4

　(4) 0.1414　(5) 0.4472　(6) 0.01414

解き方

1 $1,\ 4,\ 9,\ 16,\ \cdots\cdots$などのように，ある自然数を2乗した数(平方数という)のときは，$\sqrt{}$ を使わずに表すことができる。例えば，9は3や -3 を2乗した数だから，9の平方根は $\pm\sqrt9$ ではなく，±3 である。
また，0には ＋ も － もつけないので，0の平方根は0だけである。

2 (1) $49=7\times7$ だから，$\sqrt{49}=7$
　(2) $64=8\times8$ だから，$\sqrt{64}=8$
　　　したがって，$-\sqrt{64}=-8$

---

(3) $\sqrt{5^2}=\sqrt{25}=5$

(4) $\sqrt{(-3)^2}=\sqrt9=3$

(7) $0.3\times0.3=0.09$ だから，$\sqrt{0.09}=0.3$

(8) $\dfrac{3}{4}\times\dfrac{3}{4}=\dfrac{9}{16}$ だから，$\sqrt{\dfrac{9}{16}}=\dfrac{3}{4}$

(9) $-\sqrt{(-9)^2}=-\sqrt{81}=-9$

3 (1) それぞれ2乗すると，15，13だから，$\sqrt{15}>\sqrt{13}$

　(2) それぞれ2乗すると，49，50だから，$\sqrt{49}<\sqrt{50}$
　　すなわち，$7<\sqrt{50}$

　(3) それぞれ2乗すると，4，9，7だから，
　　$\sqrt4<\sqrt7<\sqrt9$，すなわち，$2<\sqrt7<3$

　(4) $-5=-\sqrt{25}$ で，$-26<-25<-23$ だから，
　　$-\sqrt{26}<-\sqrt{25}<-\sqrt{23}$
　　すなわち，$-\sqrt{26}<-5<-\sqrt{23}$

> **🚨 ここに注意**
>
> 大小関係を表すときは，小さい順，大きい順に並べ直して，不等号で表す。
> (「$2<3>\sqrt7$」などとしないこと。)

4 根号の中の数を，平方数とある数の積にする。
　(1) $\sqrt8=\sqrt{4\times2}=\sqrt{2^2}\times\sqrt2=2\times\sqrt2=2\sqrt2$

5 (1) $2\sqrt3=2\times\sqrt3=\sqrt4\times\sqrt3=\sqrt{12}$

6 (1) $\sqrt{200}=10\sqrt2=10\times1.414=14.14$

　(2) $\sqrt{2000}=10\sqrt{20}=10\times4.472=44.72$

　(3) $\sqrt{20000}=100\sqrt2=100\times1.414=141.4$

　(4) $\sqrt{0.02}=\sqrt{\dfrac{2}{100}}=\dfrac{\sqrt2}{\sqrt{100}}=\dfrac{\sqrt2}{10}$ だから，
　　$1.414\div10=0.1414$

　(5) $\sqrt{0.2}=\sqrt{\dfrac{2}{10}}=\sqrt{\dfrac{20}{100}}=\dfrac{\sqrt{20}}{\sqrt{100}}=\dfrac{\sqrt{20}}{10}$ だから，
　　$4.472\div10=0.4472$

　(6) $\sqrt{0.0002}=\sqrt{\dfrac{2}{10000}}=\dfrac{\sqrt{20}}{\sqrt{10000}}=\dfrac{\sqrt2}{100}$ だから，
　　$1.414\div100=0.01414$

Step 2 解答　　　　　p.42～p.43

1 記号…イ，正しい整数…9

2 イ

3 (1) 17.32　(2) 54.77　(3) 0.5477　(4) 3.464

4 A…$-\sqrt3$，B…$\sqrt2$，C…$\sqrt3$，D…$\sqrt5$

5 (1) $-2,\ -1,\ 0,\ 1,\ 2$

　(2)① $\sqrt7<2\sqrt2<3$　② $\sqrt{11}<2\sqrt3<\dfrac{7}{2}$

6 (1) 2個　(2) 3個　(3) $3,\ 4,\ 5$

7 (1) $n=3$　(2) 4個　(3) $a=4,\ 7$　(4) $n=4$

1 イ $\sqrt{(-9)^2}=\sqrt{81}=9$

3 (1) $\sqrt{300}=10\sqrt{3}=10\times1.732=17.32$

(2) $\sqrt{3000}=10\sqrt{30}=10\times5.477=54.77$

(3) $\sqrt{0.3}=\sqrt{\dfrac{3}{10}}=\sqrt{\dfrac{30}{100}}=\dfrac{\sqrt{30}}{\sqrt{100}}=\dfrac{\sqrt{30}}{10}$ だから,

$5.477\div10=0.5477$

(4) $\sqrt{12}=2\sqrt{3}=2\times1.732=3.464$

5 (1) $\sqrt{4}<\sqrt{7}<\sqrt{9}$ より, $2<\sqrt{7}<3$

したがって, 絶対値が 2 以下の整数を書き出せ
ばよい。負の整数や 0 を忘れないように注意する。

(2) すべて正の数であるから, 2 乗した数の大小を比
べるとよい。

2 乗すると,

① $2\sqrt{2}\to8$, $\sqrt{7}\to7$, $3\to9$

よって, $\sqrt{7}<2\sqrt{2}<3$

② $\dfrac{7}{2}\to12.25$, $\sqrt{11}\to11$, $2\sqrt{3}\to12$

よって, $\sqrt{11}<2\sqrt{3}<\dfrac{7}{2}$

6 (1) $\sqrt{9}<\sqrt{10}<\sqrt{16}$, $\sqrt{25}<\sqrt{30}<\sqrt{36}$ だから, 3 より
大きく 6 より小さい整数を求めると, 4 と 5 の
2 個

(2) $3<\sqrt{2n}<4$ の各辺を 2 乗して, $9<2n<16$

これより, $4.5<n<8$ だから, $n=5$, 6, 7 の 3 個

(3) $\dfrac{4}{\sqrt{2}}<n<4\sqrt{2}$ より, 各辺を 2 乗して,

$8<n^2<32$

これを満たす整数 n は, $n=3$, 4, 5

7 (1) $\sqrt{108n}=6\sqrt{3n}$ より, $n=3$ のとき, $\sqrt{}$ の中が
平方数となるので値は自然数となり, このときの
n の値が最も小さい。($n=3$ のほかに, $3\times2^2=12$,
$3\times3^2=27$, $3\times4^2=48$, ……など, n の値は無数
にある。)

(2) $\sqrt{\dfrac{540}{k}}=\sqrt{\dfrac{2^2\times3^2\times3\times5}{k}}$ だから, $\sqrt{}$ の中が

平方数となるような k の値は, $k=3\times5(=15)$,

$3\times5\times2^2(=60)$, $3\times5\times3^2(=135)$, $3\times5\times2^2\times3^2$

$(=540)$ の 4 個

(3) $8-a$ が自然数の平方数になればよい。a は自然
数だから, $8-a$ は 7 以下となり, $8-a=1$ また
は $8-a=4$ のときである。

したがって, $a=7$, 4

(4) $\sqrt{45(n+1)}=3\sqrt{5(n+1)}$ より, $n+1=5$ のとき,
$\sqrt{}$ の中が平方数となる。その値は自然数になり,

このときの n の値が最も小さい。

したがって, $n=4$

5 根号を含む式の計算

Step 1 解答　　　　　　　　　　　　p.44〜p.45

1 (1) $\sqrt{15}$　(2) $2\sqrt{3}$　(3) $2\sqrt{6}$　(4) 6

(5) 12　(6) $16\sqrt{3}$

2 (1) $\sqrt{2}$　(2) 2　(3) $2\sqrt{3}$　(4) $\sqrt{15}$

(5) $2\sqrt{10}$　(6) $2\sqrt{2}$

3 (1) $\sqrt{3}$　(2) $\dfrac{\sqrt{10}}{5}$　(3) $\dfrac{3\sqrt{6}}{4}$　(4) $\sqrt{2}$

(5) $\dfrac{\sqrt{3}}{2}$　(6) $\dfrac{\sqrt{5}+\sqrt{3}}{2}$

4 (1) 3　(2) 4　(3) $\dfrac{\sqrt{6}}{3}$　(4) $\dfrac{\sqrt{2}}{2}$

5 (1) $5\sqrt{3}$　(2) $5\sqrt{2}$　(3) $-2\sqrt{5}$　(4) $6\sqrt{2}$

6 (1) $9+4\sqrt{5}$　(2) $9-2\sqrt{14}$　(3) 11　(4) $4-2\sqrt{7}$

1 (1) $\sqrt{3}\times\sqrt{5}=\sqrt{3\times5}=\sqrt{15}$

(2) $\sqrt{2}\times\sqrt{6}=\sqrt{2\times6}=\sqrt{12}=2\sqrt{3}$

(3) $\sqrt{3}\times2\sqrt{2}=2\sqrt{3\times2}=2\sqrt{6}$

(4) $\sqrt{2}\times\sqrt{18}=\sqrt{2}\times3\sqrt{2}=3\sqrt{4}=6$

(5) $4\sqrt{3}\times\sqrt{3}=4\sqrt{9}=12$

(6) $\sqrt{24}\times\sqrt{32}=2\sqrt{6}\times4\sqrt{2}=8\sqrt{12}=16\sqrt{3}$

> 🚨 **ここに注意**
>
> 計算の答えに $\sqrt{}$ がつくときは, $\sqrt{}$ の中を
> できるだけ小さい自然数にしておく必要がある。

2 (1) $\sqrt{6}\div\sqrt{3}=\sqrt{6\div3}=\sqrt{2}$

(2) $\sqrt{12}\div\sqrt{3}=\sqrt{12\div3}=\sqrt{4}=2$

(3) $2\sqrt{6}\div\sqrt{2}=2\sqrt{6\div2}=2\sqrt{3}$

(4) $3\sqrt{5}\div\sqrt{3}=\sqrt{45}\div\sqrt{3}=\sqrt{45\div3}=\sqrt{15}$

(5) $10\sqrt{2}\div\sqrt{5}=\sqrt{200}\div\sqrt{5}=\sqrt{40}=2\sqrt{10}$

(6) $12\div3\sqrt{2}=4\div\sqrt{2}=\sqrt{16}\div\sqrt{2}=\sqrt{8}=2\sqrt{2}$

3 (1) $\dfrac{3}{\sqrt{3}}=\dfrac{3\times\sqrt{3}}{\sqrt{3}\times\sqrt{3}}=\dfrac{3\sqrt{3}}{3}=\sqrt{3}$

(2) $\dfrac{\sqrt{2}}{\sqrt{5}}=\dfrac{\sqrt{2}\times\sqrt{5}}{\sqrt{5}\times\sqrt{5}}=\dfrac{\sqrt{10}}{5}$

(3) $\dfrac{9}{2\sqrt{6}}=\dfrac{9\times\sqrt{6}}{2\sqrt{6}\times\sqrt{6}}=\dfrac{9\sqrt{6}}{12}=\dfrac{3\sqrt{6}}{4}$

(4) $\dfrac{4}{\sqrt{8}}=\dfrac{4}{2\sqrt{2}}=\dfrac{2}{\sqrt{2}}=\dfrac{2\times\sqrt{2}}{\sqrt{2}\times\sqrt{2}}=\dfrac{2\sqrt{2}}{2}=\sqrt{2}$

(5) $\dfrac{3}{\sqrt{12}}=\dfrac{3}{2\sqrt{3}}=\dfrac{3\times\sqrt{3}}{2\sqrt{3}\times\sqrt{3}}=\dfrac{3\sqrt{3}}{6}=\dfrac{\sqrt{3}}{2}$

(6) $\dfrac{1}{\sqrt{5}-\sqrt{3}}=\dfrac{\sqrt{5}+\sqrt{3}}{(\sqrt{5}-\sqrt{3})(\sqrt{5}+\sqrt{3})}=\dfrac{\sqrt{5}+\sqrt{3}}{2}$

4 (1) $\sqrt{3}\times\sqrt{6}\div\sqrt{2}=\sqrt{3\times6\div2}=\sqrt{9}=3$

(2) $\sqrt{48}\div\sqrt{6}\times\sqrt{2}=\sqrt{48\div6\times2}=\sqrt{16}=4$

(3) $\sqrt{32}\div2\sqrt{6}\div\sqrt{2}=\sqrt{32}\div\sqrt{24}\div\sqrt{2}$

$=\sqrt{32\div24\div2}=\sqrt{\dfrac{2}{3}}=\dfrac{\sqrt{2}}{\sqrt{3}}=\dfrac{\sqrt{6}}{3}$

(4) $\sqrt{12}\times\sqrt{5}\div2\sqrt{30}=\sqrt{12}\times\sqrt{5}\div\sqrt{120}$

$=\sqrt{12\times5\div120}=\sqrt{\dfrac{1}{2}}=\dfrac{1}{\sqrt{2}}=\dfrac{\sqrt{2}}{2}$

⚠ ここに注意

計算の答えが分母に $\sqrt{}$ を含む分数になるときは，分母を有理化しておく必要がある。

5 (1) $2\sqrt{3}+3\sqrt{3}=(2+3)\times\sqrt{3}=5\sqrt{3}$

(2) $\sqrt{18}+\sqrt{8}=3\sqrt{2}+2\sqrt{2}=5\sqrt{2}$

(3) $\sqrt{5}+3\sqrt{5}-6\sqrt{5}=(1+3-6)\times\sqrt{5}=-2\sqrt{5}$

(4) $\sqrt{50}-3\sqrt{2}+\sqrt{32}=5\sqrt{2}-3\sqrt{2}+4\sqrt{2}=6\sqrt{2}$

6 (1) $(\sqrt{5}+2)^2=(\sqrt{5})^2+2\times2\times\sqrt{5}+2^2$

$=5+4\sqrt{5}+4=9+4\sqrt{5}$

(2) $(\sqrt{2}-\sqrt{7})^2=(\sqrt{2})^2-2\times\sqrt{7}\times\sqrt{2}+(\sqrt{7})^2$

$=2-2\sqrt{14}+7=9-2\sqrt{14}$

(3) $(4+\sqrt{5})(4-\sqrt{5})=4^2-(\sqrt{5})^2$

$=16-5=11$

(4) $(\sqrt{7}+1)(\sqrt{7}-3)=(\sqrt{7})^2-2\sqrt{7}-3$

$=7-2\sqrt{7}-3=4-2\sqrt{7}$

⚠ ここに注意

$\sqrt{}$ の計算では，乗法公式を利用することが多い。特に，$(x\pm a)^2=x^2\pm2ax+a^2$，$(x+a)(x-a)=x^2-a^2$ の2つはよく使われる。

Step 2　解答	p.46～p.47

1 (1) $6\sqrt{5}$ 　(2) $5\sqrt{3}$ 　(3) $4\sqrt{5}$ 　(4) $6\sqrt{6}$

2 (1) $1-\sqrt{15}$ 　(2) $-1+\sqrt{3}$ 　(3) $-7-2\sqrt{5}$ 　(4) 6

3 (1) $3-2\sqrt{2}$ 　(2) 19 　(3) 6 　(4) 7

4 (1) $-\dfrac{\sqrt{2}+\sqrt{6}}{2}$ 　(2) $5-2\sqrt{6}$

5 (1) $4\sqrt{6}$ 　(2) $\dfrac{\sqrt{2}-\sqrt{3}}{6}$ 　(3) $-\sqrt{3}$ 　(4) $4-4\sqrt{6}$

6 (1) 6 　(2) $\sqrt{15}$ 　(3) $\dfrac{3\sqrt{6}}{2}$ 　(4) $-5+3\sqrt{6}$ 　(5) $\dfrac{19}{2}$

解き方

1 (1) $\sqrt{125}+\sqrt{80}-\sqrt{45}=5\sqrt{5}+4\sqrt{5}-3\sqrt{5}=6\sqrt{5}$

(2) $\sqrt{27}+3\sqrt{12}-4\sqrt{3}=3\sqrt{3}+6\sqrt{3}-4\sqrt{3}=5\sqrt{3}$

(3) $\dfrac{10}{\sqrt{5}}=\dfrac{10\times\sqrt{5}}{\sqrt{5}\times\sqrt{5}}=\dfrac{10\sqrt{5}}{5}=2\sqrt{5}$ だから，

$\sqrt{45}+\dfrac{10}{\sqrt{5}}-\sqrt{5}=3\sqrt{5}+2\sqrt{5}-\sqrt{5}=4\sqrt{5}$

(4) $\dfrac{30}{\sqrt{6}}=\dfrac{30\times\sqrt{6}}{\sqrt{6}\times\sqrt{6}}=\dfrac{30\sqrt{6}}{6}=5\sqrt{6}$ だから，

$\sqrt{24}+\dfrac{30}{\sqrt{6}}-\sqrt{6}=2\sqrt{6}+5\sqrt{6}-\sqrt{6}=6\sqrt{6}$

2 (1) $(2\sqrt{3}+\sqrt{5})(\sqrt{3}-\sqrt{5})$

$=6-2\sqrt{15}+\sqrt{15}-5=1-\sqrt{15}$

(2) $(\sqrt{3}-1)(\sqrt{3}+4)-\sqrt{12}$

$=3+3\sqrt{3}-4-2\sqrt{3}=-1+\sqrt{3}$

(3) $(\sqrt{5}-3)(\sqrt{5}+4)-\sqrt{45}$

$=5+\sqrt{5}-12-3\sqrt{5}=-7-2\sqrt{5}$

(4) $(\sqrt{10}+1)(\sqrt{10}-4)+\sqrt{90}$

$=10-3\sqrt{10}-4+3\sqrt{10}=6$

3 (1) $(\sqrt{2}+1)^2-\sqrt{32}$

$=2+2\sqrt{2}+1-4\sqrt{2}=3-2\sqrt{2}$

(2) $(\sqrt{5}-2)^2+\sqrt{5}(\sqrt{20}+4)$

$=5-4\sqrt{5}+4+10+4\sqrt{5}=19$

(3) $(\sqrt{5}+1)^2-\dfrac{10}{\sqrt{5}}=5+2\sqrt{5}+1-2\sqrt{5}=6$

(4) $(2-\sqrt{3})^2+\dfrac{12}{\sqrt{3}}=4-4\sqrt{3}+3+4\sqrt{3}=7$

4 (1) $\dfrac{\sqrt{2}}{1-\sqrt{3}}=\dfrac{\sqrt{2}(1+\sqrt{3})}{(1-\sqrt{3})(1+\sqrt{3})}$

$=\dfrac{\sqrt{2}+\sqrt{6}}{-2}=-\dfrac{\sqrt{2}+\sqrt{6}}{2}$

(2) $\dfrac{\sqrt{3}-\sqrt{2}}{\sqrt{3}+\sqrt{2}}=\dfrac{(\sqrt{3}-\sqrt{2})^2}{(\sqrt{3}+\sqrt{2})(\sqrt{3}-\sqrt{2})}$

$=(\sqrt{3}-\sqrt{2})^2=5-2\sqrt{6}$

⚠ ここに注意

$\sqrt{a}+\sqrt{b}$ には $\sqrt{a}-\sqrt{b}$ を，$\sqrt{a}-\sqrt{b}$ には $\sqrt{a}+\sqrt{b}$ をかけると，積が $a-b$ となって，有理数になる。

5 (1) $\sqrt{3}+\sqrt{2}=a$，$\sqrt{3}-\sqrt{2}=b$ とおくと，

$a+b=2\sqrt{3}$，$a-b=2\sqrt{2}$ だから，

$(\sqrt{3}+\sqrt{2})^2-(\sqrt{3}-\sqrt{2})^2=a^2-b^2$

$=(a+b)(a-b)=2\sqrt{3}\times2\sqrt{2}=4\sqrt{6}$

⚠ ここに注意

$\sqrt{a}+\sqrt{b}$ と $\sqrt{a}-\sqrt{b}$ が含まれる式の計算では，$\sqrt{a}+\sqrt{b}=A$，$\sqrt{a}-\sqrt{b}=B$ とおきかえると簡単になる場合が多い。

(2) $\dfrac{\sqrt{27}-\sqrt{2}}{2}-\dfrac{5\sqrt{3}-\sqrt{8}}{3}$

$=\dfrac{3\sqrt{3}-\sqrt{2}}{2}-\dfrac{5\sqrt{3}-2\sqrt{2}}{3}$

$=\dfrac{3(3\sqrt{3}-\sqrt{2})-2(5\sqrt{3}-2\sqrt{2})}{6}$

$$=\frac{9\sqrt{3}-3\sqrt{2}-10\sqrt{3}+4\sqrt{2}}{6}=\frac{\sqrt{2}-\sqrt{3}}{6}$$

(3) $\left(-\dfrac{1}{\sqrt{3}}\right)\times9+\sqrt{12}=-3\sqrt{3}+2\sqrt{3}=-\sqrt{3}$

(4) $(2\sqrt{2}-\sqrt{3})^2-(2\sqrt{2}+1)(2\sqrt{2}-1)$
$=8-4\sqrt{6}+3-(8-1)=4-4\sqrt{6}$

6 (1) $(\sqrt{2}-1)^2+2\left(1+\dfrac{1}{\sqrt{2}}\right)^2$

$\quad =(2-2\sqrt{2}+1)+2\left(1+\sqrt{2}+\dfrac{1}{2}\right)=6$

(2) $\dfrac{2\sqrt{5}}{\sqrt{3}}+\dfrac{\sqrt{27}}{\sqrt{5}}-\dfrac{8}{\sqrt{60}}$

$\quad =\dfrac{2\sqrt{5}\times\sqrt{20}}{\sqrt{60}}+\dfrac{\sqrt{27}\times\sqrt{12}}{\sqrt{60}}-\dfrac{8}{\sqrt{60}}$

$\quad =\dfrac{20}{\sqrt{60}}+\dfrac{18}{\sqrt{60}}-\dfrac{8}{\sqrt{60}}=\dfrac{30}{\sqrt{60}}=\sqrt{15}$

(3) $(\sqrt{2}+\sqrt{3})(3\sqrt{3}-2\sqrt{2})-\dfrac{\sqrt{50}-\sqrt{3}}{\sqrt{2}}$

$\quad =3\sqrt{6}-4+9-2\sqrt{6}-\dfrac{1}{\sqrt{2}}(\sqrt{50}-\sqrt{3})$

$\quad =5+\sqrt{6}-5+\dfrac{\sqrt{3}}{\sqrt{2}}=\sqrt{6}+\dfrac{\sqrt{6}}{2}=\dfrac{3\sqrt{6}}{2}$

(4) $\dfrac{\sqrt{72}-2\sqrt{3}}{\sqrt{2}}-(2\sqrt{2}-\sqrt{3})^2$

$\quad =\dfrac{1}{\sqrt{2}}(6\sqrt{2}-\sqrt{12})-(8-4\sqrt{6}+3)$

$\quad =6-\sqrt{6}-(11-4\sqrt{6})=-5+3\sqrt{6}$

(5) $\dfrac{\sqrt{72}-\sqrt{27}}{\sqrt{3}}+\left(2\sqrt{3}-\dfrac{1}{\sqrt{2}}\right)^2$

$\quad =\sqrt{24}-\sqrt{9}+\left(12-2\times\dfrac{1}{\sqrt{2}}\times2\sqrt{3}+\dfrac{1}{2}\right)$

$\quad =2\sqrt{6}-3+\left(12-2\sqrt{6}+\dfrac{1}{2}\right)=\dfrac{19}{2}$

6 平方根の利用

Step 1　解答	p.48～p.49

1 有理数…-3, $\dfrac{2}{19}$, 0, $\sqrt{4}$, $\dfrac{1}{\sqrt{9}}$

無理数…$\dfrac{\sqrt{5}}{3}$, $-\dfrac{1}{\sqrt{2}}$, π, $-\sqrt{24}$

2 (1) 4　(2) 12

3 (1) 6　(2) 1　(3) 34　(4) 6

4 (1)整数部分…3, 小数部分…$\sqrt{10}-3$

(2)① 13　② 1

5 (1) $54.75\leqq a<54.85$

(2) 3.29×10^6 m

【解き方】

1 中学の範囲では，$\sqrt{}$ のつく数と π が無理数で，その他は有理数である。$\sqrt{4}=2$ のように，$\sqrt{}$ がはずれる数は無理数ではない。

2 (1)$x=\sqrt{5}-1$ のとき，$x+1=\sqrt{5}$
両辺を 2 乗して，$x^2+2x+1=5$
両辺から 1 をひいて，$x^2+2x=4$

(2)$x=\sqrt{3}+1$, $y=\sqrt{3}-1$ のとき，
$x+y=2\sqrt{3}$ だから，
$x^2+2xy+y^2=(x+y)^2=(2\sqrt{3})^2=12$

> 🚨 **ここに注意**
>
> 式の値を求めるときは，因数分解などによって代入しやすい形に変形してから代入する。

3 (1)$x+y=(3+2\sqrt{2})+(3-2\sqrt{2})=6$

(2)$xy=(3+2\sqrt{2})(3-2\sqrt{2})=3^2-(2\sqrt{2})^2$
$\quad =9-8=1$

(3)$x^2+y^2=(x+y)^2-2xy=6^2-2\times1=34$

(4)$\dfrac{1}{x}+\dfrac{1}{y}=\dfrac{y}{xy}+\dfrac{x}{xy}=\dfrac{x+y}{xy}=\dfrac{6}{1}=6$

> 🚨 **ここに注意**
>
> このように，x と y を入れかえても変わらない式を x と y の対称式という。対称式の計算では，$x+y$ と xy の値を用いて計算することができる。

4 (1)$3<\sqrt{10}<4$ より，整数部分は 3
（小数部分）＝（もとの数）－（整数部分）
$\quad =\sqrt{10}-3$

(2)① $b=\sqrt{10}-3$ より，$b+3=\sqrt{10}$
両辺を 2 乗して，$b^2+6b+9=10$
両辺に 3 をたすと，$b^2+6b+12=13$
② $b^2+2ab=(a+b)^2-a^2=(\sqrt{10})^2-3^2=1$

5 (1)100 g$=0.1$ kg なので，小数第 2 位を四捨五入して 54.8 になる値の範囲を求める。

(2)a は整数部分が 1 けたの小数で表す。
$3290000=3.29\times1000000=3.29\times10^6$(m)

Step 2　解答	p.50～p.51

1 (1)○　(2)(例)$x=\sqrt{2}$, $y=-\sqrt{2}$ のとき
(3)(例)$x=0$, $y=\sqrt{2}$ のとき

2 (1) 12　(2)-3　(3) 4　(4)$5-3\sqrt{5}$　(5) 38

3 (1)$2\sqrt{3}$　(2)$\dfrac{4}{3}$　(3)$\dfrac{32}{3}$

4 (1) 9　(2)$\dfrac{1}{2}$　(3) 24

5 (1) 51　(2) 24　(3)$2\sqrt{26}$

6 5 m 以下

19

2 (1) $a=6+2\sqrt{3}$ のとき，$a-6=2\sqrt{3}$ だから，
$a^2-12a+36=(a-6)^2=(2\sqrt{3})^2=12$

(2) $x=\sqrt{5}-1$ のとき，$x+1=\sqrt{5}$
両辺を2乗して，$x^2+2x+1=5$
両辺から8をひくと，$x^2+2x-7=-3$

(3) $(x+1)(x-3)+(x-3)^2=x^2-2x-3+x^2-6x+9$
$=2x^2-8x+6=2(x^2-4x+3)$
$x=2-\sqrt{3}$ のとき，$x-2=-\sqrt{3}$
両辺を2乗して，$x^2-4x+4=3$
両辺から1をひくと，$x^2-4x+3=2$
よって，求める式の値は，$2\times2=4$

別解
$(x+1)(x-3)+(x-3)^2$
$=(x-3)\{(x+1)+(x-3)\}=(x-3)(2x-2)$
$=2(x-3)(x-1)=2(-1-\sqrt{3})(1-\sqrt{3})$
$=-2(1+\sqrt{3})(1-\sqrt{3})=-2\times(1-3)=4$

(4) $x^2-7x+10=(x-2)(x-5)$
$=\sqrt{5}(\sqrt{5}-3)=5-3\sqrt{5}$

(5) $x=\sqrt{2}(\sqrt{50}+\sqrt{48}-\sqrt{18}-\sqrt{3})$
$=\sqrt{2}(5\sqrt{2}+4\sqrt{3}-3\sqrt{2}-\sqrt{3})$
$=\sqrt{2}(2\sqrt{2}+3\sqrt{3})=4+3\sqrt{6}$ より，
$x-4=3\sqrt{6}$
両辺を2乗して，$x^2-8x+16=54$
よって，$x^2-8x=38$

3 (1) $a+b=\dfrac{3+\sqrt{5}}{\sqrt{3}}+\dfrac{3-\sqrt{5}}{\sqrt{3}}=\dfrac{6}{\sqrt{3}}=2\sqrt{3}$

(2) $ab=\dfrac{(3+\sqrt{5})(3-\sqrt{5})}{\sqrt{3}\times\sqrt{3}}=\dfrac{9-5}{3}=\dfrac{4}{3}$

(3) $a^2+ab+b^2=(a+b)^2-ab=12-\dfrac{4}{3}=\dfrac{32}{3}$

4 (1) $x=\sqrt{2}+\sqrt{3}$，$y=\sqrt{2}-\sqrt{3}$ のとき，
$x+y=2\sqrt{2}$，$xy=-1$ だから，
$x^2+xy+y^2=(x+y)^2-xy=8-(-1)=9$

(2) $a=\dfrac{\sqrt{3}+1}{2}$，$b=\dfrac{\sqrt{3}-1}{2}$ のとき，
$a-b=1$，$ab=\dfrac{1}{2}$ だから，
$a^2-3ab+b^2=(a-b)^2-ab=1-\dfrac{1}{2}=\dfrac{1}{2}$

(3) $y(2x+3y)-x(8y-3x)=2xy+3y^2-8xy+3x^2$
$=3x^2-6xy+3y^2=3(x-y)^2$
$x=\sqrt{7}+\sqrt{2}$，$y=\sqrt{7}-\sqrt{2}$ のとき，
$x-y=2\sqrt{2}$ だから，$3\times(2\sqrt{2})^2=24$

5 (1) $2\sqrt{13}=\sqrt{52}$ だから，$\sqrt{49}<\sqrt{52}<\sqrt{64}$ より，
$7<2\sqrt{13}<8$
よって，$2\sqrt{13}$ の整数部分は7で，

小数部分 $a=2\sqrt{13}-7$
これより，$a+7=2\sqrt{13}$
両辺を2乗して，$a^2+14a+49=52$
よって，$a^2+14a+48=51$

(2) $\sqrt{5}=2.236\cdots$ より，$3+\sqrt{5}=5.236\cdots$ となり，
整数部分 a は5，小数部分 b は $3+\sqrt{5}-5$
$=\sqrt{5}-2$
$a^2+ab-b^2-9b=a^2+b(a-b-9)$
$=5^2+(\sqrt{5}-2)\{5-(\sqrt{5}-2)-9\}$
$=25+(\sqrt{5}-2)(-\sqrt{5}-2)=25+(-1)=24$

(3) $\sqrt{25}<\sqrt{26}<\sqrt{36}$ より，$5<\sqrt{26}<6$
よって，$\sqrt{26}$ の整数部分は5で，
小数部分 $a=\sqrt{26}-5$
$\dfrac{1}{a}=\dfrac{1}{\sqrt{26}-5}=\dfrac{\sqrt{26}+5}{(\sqrt{26}-5)(\sqrt{26}+5)}$
$=\dfrac{\sqrt{26}+5}{26-25}=\sqrt{26}+5$
$a+\dfrac{1}{a}=(\sqrt{26}-5)+(\sqrt{26}+5)$
$=2\sqrt{26}$

6 $1.25\times10^3=1250$ で，有効数字は1，2，5だから，
この近似値の真の値 a の範囲は，$1245\leqq a<1255$
誤差＝近似値−真の値 だから，最も大きい誤差の
絶対値は，$1250-1245=5$ (m)

Step 3　解答	p.52 〜 p.53

1 (1) 2，3，4　(2) $A=65$　(3) $n=12$　(4) 10組
(5) $n=9$，16，25

2 (1) $\dfrac{7}{9}$　(2) 6

3 (1) 1　(2) $\dfrac{\sqrt{6}}{6}$　(3) $2\sqrt{3}$　(4) $\dfrac{\sqrt{3}}{2}$　(5) 22

4 (1) 1　(2) $39-18\sqrt{3}$　(3) $-2x-4$

解き方

1 (1) 求める整数を n ($n>0$) とすると，
$\dfrac{\sqrt{7}}{2}<n<2\sqrt{5}$ より，各辺を2乗して，
$\dfrac{7}{4}<n^2<20$
これを満たす n は，$n=2$，3，4

(2) 自然数 A の十の位の数字を x，一の位の数字を y
とすると，$A=10x+y$，$B=10y+x$ だから，
$A+B=11(x+y)$ ……①，$A-B=9(x-y)$ ……②
で，①，②がともに正の平方数になればよい。
ここで，$1\leqq x\leqq9$，$1\leqq y\leqq9$ だから，
$2\leqq x+y\leqq18$，$-8\leqq x-y\leqq8$

したがって，①，②がともに正の平方数になるのは，$x+y=11$，$x-y=1$ または 4 のときである。

⑦ $x+y=11$，$x-y=1$ のとき，$x=6$，$y=5$ となり，$A=65$

① $x+y=11$，$x-y=4$ のとき，$x=7.5$，$y=3.5$ となり，問題に合わない。

以上より，$A=65$

(3) $\sqrt{75n}=5\sqrt{3n}$ が正の偶数，つまり，$\sqrt{3n}$ が正の偶数になればよい。このような自然数 n は，$n=3\times$（偶数の平方数）で表される数であるから，最小の n は，$n=3\times2^2=12$

(4) $(\sqrt{2x}+\sqrt{3y})^2=2x+2\sqrt{6xy}+3y$

$2x$，$3y$ は自然数だから，$\sqrt{6xy}$ が自然数になればよい。x，y が 1 けたの自然数で，$6xy$ は 6 の倍数であることを考えると，$1\leqq xy\leqq81$ より，$xy=6\times1^2=6$，$xy=6\times2^2=24$，$xy=6\times3^2=54$ のいずれかである。

⑦ $xy=6$ のとき，

$(x, y)=(1, 6)$, $(2, 3)$, $(3, 2)$, $(6, 1)$ の 4 組

① $xy=24$ のとき，

$(x, y)=(3, 8)$, $(4, 6)$, $(6, 4)$, $(8, 3)$ の 4 組

⑰ $xy=54$ のとき，

$(x, y)=(6, 9)$, $(9, 6)$ の 2 組

以上より，$4+4+2=10$（組）

(5) $25-n$ と n の両方が 0 を含む平方数になればよい。

よって，$n=9$, 16, 25

2 (1) $x=\dfrac{\sqrt{2}+1}{3}$，$y=\dfrac{\sqrt{2}-1}{3}$ のとき，

$x+y=\dfrac{2\sqrt{2}}{3}$，$xy=\dfrac{1}{9}$ だから，

$x^2+xy+y^2=(x+y)^2-xy=\dfrac{8}{9}-\dfrac{1}{9}=\dfrac{7}{9}$

(2) $x-y=\sqrt{3}$ だから，

$2x^2+2y^2-4xy=2(x-y)^2=2\times3=6$

3 (1) $(1+\sqrt{2})^4(3-2\sqrt{2})^2=\{(1+\sqrt{2})^2(3-2\sqrt{2})\}^2$

$=\{(3+2\sqrt{2})(3-2\sqrt{2})\}^2=(9-8)^2=1$

(2) $\dfrac{\sqrt{27}+\sqrt{6}}{\sqrt{2}}-\dfrac{8-\sqrt{12}}{\sqrt{6}}-\dfrac{3+\sqrt{6}}{\sqrt{3}}$

$=\dfrac{\sqrt{3}(\sqrt{27}+\sqrt{6})-(8-\sqrt{12})-\sqrt{2}(3+\sqrt{6})}{\sqrt{6}}$

$=\dfrac{9+3\sqrt{2}-8+2\sqrt{3}-3\sqrt{2}-2\sqrt{3}}{\sqrt{6}}$

$=\dfrac{1}{\sqrt{6}}=\dfrac{\sqrt{6}}{6}$

(3) （分子）$=(18-12\sqrt{2})(3\sqrt{5}+2\sqrt{10})$

$=6(3-2\sqrt{2})\times\sqrt{5}(3+2\sqrt{2})$

$=6\sqrt{5}(3-2\sqrt{2})(3+2\sqrt{2})=6\sqrt{5}$ だから，

$\dfrac{6\sqrt{5}}{\sqrt{15}}=\dfrac{6}{\sqrt{3}}=2\sqrt{3}$

(4) $\dfrac{(\sqrt{3}-\sqrt{5})^2}{\sqrt{5}}-\dfrac{(\sqrt{5}-2\sqrt{3})(2\sqrt{5}-\sqrt{3})}{\sqrt{20}}$

$=\dfrac{2(\sqrt{3}-\sqrt{5})^2-(10-\sqrt{15}-4\sqrt{15}+6)}{\sqrt{20}}$

$=\dfrac{2(8-2\sqrt{15})-16+5\sqrt{15}}{\sqrt{20}}=\dfrac{\sqrt{15}}{\sqrt{20}}$

$=\dfrac{\sqrt{3}}{\sqrt{4}}=\dfrac{\sqrt{3}}{2}$

(5) $\sqrt{7}+\sqrt{11}=A$，$\sqrt{7}-\sqrt{11}=B$ とおくと，求める式は，

$\left(\dfrac{A}{\sqrt{2}}\right)^2-AB+\left(\dfrac{B}{\sqrt{2}}\right)^2=\dfrac{A^2}{2}-AB+\dfrac{B^2}{2}$

$=\dfrac{A^2-2AB+B^2}{2}=\dfrac{(A-B)^2}{2}$

$=\dfrac{(2\sqrt{11})^2}{2}=\dfrac{44}{2}=22$

4 (1) $a+b=\sqrt{14}$ の両辺を 2 乗して，

$a^2+2ab+b^2=14$ ……①

$a-b=\sqrt{10}$ の両辺を 2 乗して，

$a^2-2ab+b^2=10$ ……②

①$-$②より，$4ab=4$，$ab=1$

(2) $\sqrt{9}<\sqrt{12}<\sqrt{16}$ だから，$3<2\sqrt{3}<4$

よって，$a=3$，$b=2\sqrt{3}-3$

$a^2-ab+b^2=(a+b)^2-3ab$

$=(2\sqrt{3})^2-9\times(2\sqrt{3}-3)=12-18\sqrt{3}+27$

$=39-18\sqrt{3}$

(3) $\dfrac{x-\sqrt{2}}{1+\sqrt{2}}=\dfrac{(x-\sqrt{2})(1-\sqrt{2})}{(1+\sqrt{2})(1-\sqrt{2})}$

$=\dfrac{x-\sqrt{2}x-\sqrt{2}+2}{-1}=-x+\sqrt{2}x+\sqrt{2}-2$

また，$\dfrac{x+\sqrt{2}}{1-\sqrt{2}}=\dfrac{(x+\sqrt{2})(1+\sqrt{2})}{(1-\sqrt{2})(1+\sqrt{2})}$

$=\dfrac{x+\sqrt{2}x+\sqrt{2}+2}{-1}=-x-\sqrt{2}x-\sqrt{2}-2$

これらを加えて，$-2x-4$

第3章 2次方程式

7 2次方程式の解き方

Step 1 解答　　　　　　　　　p.54〜p.55

1 アとウ

2 (1) $x=5$, -3　(2) $x=0$, 7　(3) $x=-3$, -4

　　(4) $x=3$, 5　(5) $x=8$, -1　(6) $x=-5$

3 (1) $x=-1$, -5　(2) $x=-6$, 2

4 (1) $x=\pm5$　(2) $x=\pm2$

　　(3) $x=4$, -8　(4) $x=-5\pm\sqrt{7}$

　　(5) $x=6\pm\sqrt{13}$　(6) $x=-8\pm2\sqrt{2}$

5 (1) $x=\dfrac{5\pm\sqrt{21}}{2}$ (2) $x=\dfrac{-3\pm\sqrt{33}}{2}$

(3) $x=\dfrac{7}{2},\ 1$ (4) $x=\dfrac{-2\pm\sqrt{10}}{3}$

6 (1) $x=0,\ 2$ (2) $x=3,\ -1$

(3) $x=\dfrac{5\pm\sqrt{89}}{2}$ (4) $x=-1,\ 5$

解の公式より，
$$x=\frac{-(-5)\pm\sqrt{(-5)^2-4\times1\times(-16)}}{2\times1}=\frac{5\pm\sqrt{89}}{2}$$

(4) $(x-1)^2=2x+6$ $x^2-2x+1=2x+6$

$x^2-4x-5=0$ $(x+1)(x-5)=0$ $x=-1,\ 5$

[解き方]

1 それぞれの方程式に $x=2$ を代入して，成り立つかどうかを調べる。

2 (1) $(x-5)(x+3)=0$ より，$x-5=0$ または $x+3=0$

よって，$x=5,\ -3$

(2) $x^2-7x=0$ $x(x-7)=0$ $x=0,\ 7$

(3) $x^2+7x+12=0$ $(x+3)(x+4)=0$

$x=-3,\ -4$

3 (1) $x^2+8x-1=2x-6$ $x^2+6x+5=0$

$(x+1)(x+5)=0$ $x=-1,\ -5$

(2) $(x-1)(x+2)=-3x+10$

$x^2+x-2=-3x+10$ $x^2+4x-12=0$

$(x+6)(x-2)=0$ $x=-6,\ 2$

4 (1) $x^2=25$ 平方根の考えを使って，$x=\pm5$

(2) $6x^2=24$ $x^2=4$ $x=\pm2$

(3) $(x+2)^2=36$ $x+2=\pm6$ $x=-2\pm6$

$x=4,\ -8$

(4) $(x+5)^2=7$ $x+5=\pm\sqrt{7}$ $x=-5\pm\sqrt{7}$

(6) $2(x+8)^2-16=0$ $2(x+8)^2=16$

$(x+8)^2=8$ $x+8=\pm2\sqrt{2}$ $x=-8\pm2\sqrt{2}$

5 (1) $x^2-5x+1=0$ 解の公式で，$a=1,\ b=-5,\ c=1$ の場合だから，

$$x=\frac{-(-5)\pm\sqrt{(-5)^2-4\times1\times1}}{2\times1}=\frac{5\pm\sqrt{21}}{2}$$

(3) $2x^2+7=9x$ $2x^2-9x+7=0$ と整理して，解の公式より，

$$x=\frac{-(-9)\pm\sqrt{(-9)^2-4\times2\times7}}{2\times2}=\frac{9\pm\sqrt{25}}{4}$$

$$=\frac{9\pm5}{4}\quad x=\frac{7}{2},\ 1$$

(4) $3x^2+4x=2$ $3x^2+4x-2=0$ と整理して，解の公式より，

$$x=\frac{-4\pm\sqrt{4^2-4\times3\times(-2)}}{2\times3}=\frac{-4\pm2\sqrt{10}}{6}$$

$$=\frac{-2\pm\sqrt{10}}{3}$$

6 (1) $(x+1)(x-3)=-3$ $x^2-2x-3=-3$

$x^2-2x=0$ $x(x-2)=0$ $x=0,\ 2$

(2) $(x-1)^2=4$ $x-1=\pm2$ $x=1\pm2$ $x=3,\ -1$

(3) $x^2-16=5x$ $x^2-5x-16=0$

---

1 アとエ

2 (1) $x=-10,\ 2$ (2) $x=2$ (3) $x=-3,\ 4$

(4) $x=-1,\ 6$

3 (1) $x=-10,\ 3$ (2) $x=0,\ 3$ (3) $x=-1,\ 3$

(4) $x=-2,\ 3$ (5) $x=-2,\ 7$ (6) $x=1$

4 (1) $x=\pm\dfrac{2\sqrt{3}}{3}$ (2) $x=4\pm\sqrt{3}$ (3) $x=2\pm\sqrt{6}$

(4) $x=1,\ -13$

5 (1) $x=\dfrac{5\pm\sqrt{17}}{4}$ (2) $x=-2\pm\sqrt{6}$

(3) $x=\dfrac{1\pm\sqrt{13}}{2}$ (4) $x=\dfrac{6\pm\sqrt{3}}{3}$

6 7

7 (1) $x=-4,\ 7$ (2) $x=1,\ 8$ (3) $x=3,\ 7$

(4) $x=4,\ -10$

[解き方]

1 それぞれの方程式に $x=-3$ を代入して，成り立つかどうかを調べる。

2 (1) $x^2+8x-20=0$ $(x+10)(x-2)=0$ $x=-10,\ 2$

(2) $2x^2=x^2+4x-4$ $x^2-4x+4=0$ $(x-2)^2=0$

$x=2$

(3) $(x-3)(x+4)=2x$ $x^2+x-12=2x$

$x^2-x-12=0$ $(x+3)(x-4)=0$ $x=-3,\ 4$

(4) $(x-3)^2=-x+15$ $x^2-6x+9=-x+15$

$x^2-5x-6=0$ $(x+1)(x-6)=0$ $x=-1,\ 6$

3 (1) $(x-3)(x-4)=2(x^2-9)$ $x^2-7x+12=2x^2-18$

$x^2+7x-30=0$ $(x+10)(x-3)=0$ $x=-10,\ 3$

[別解]

$(x-3)(x-4)-2(x^2-9)=0$

$(x-3)(x-4)-2(x-3)(x+3)=0$

$(x-3)\{(x-4)-2(x+3)\}=0$

$(x-3)(-x-10)=0$ $x=3,\ -10$

(2) $(x+2)^2=7x+4$ $x^2+4x+4=7x+4$

$x^2-3x=0$ $x(x-3)=0$ $x=0,\ 3$

(3) $3x^2-6x-9=0$ $x^2-2x-3=0$

$(x+1)(x-3)=0$ $x=-1,\ 3$

(4) $(2x-5)(x+1)-(x-1)^2=0$

$2x^2-3x-5-x^2+2x-1=0$ $x^2-x-6=0$
$(x+2)(x-3)=0$ $x=-2, 3$

(5) $(2x-1)(x-5)=(x-3)^2+10$
$2x^2-11x+5=x^2-6x+9+10$ $x^2-5x-14=0$
$(x+2)(x-7)=0$ $x=-2, 7$

(6) $(2x+1)(x-1)-(x+2)(x-1)=0$
$2x^2-x-1-x^2-x+2=0$ $x^2-2x+1=0$
$(x-1)^2=0$ $x=1$

別解
$(2x+1)(x-1)-(x+2)(x-1)=0$
$(x-1)\{(2x+1)-(x+2)\}=0$ $(x-1)^2=0$
$x=1$

4 (1) $9x^2-12=0$ $x^2=\dfrac{12}{9}$ $x=\pm\dfrac{2\sqrt{3}}{3}$

(2) $(x-4)^2=3$ $x-4=\pm\sqrt{3}$ $x=4\pm\sqrt{3}$

(4) $(x+6)^2+1=50$ $(x+6)^2=49$ $x+6=\pm7$
$x=-6\pm7$ $x=1, -13$

5 (1) $2x^2-5x+1=0$
$x=\dfrac{-(-5)\pm\sqrt{(-5)^2-4\times2\times1}}{2\times2}=\dfrac{5\pm\sqrt{17}}{4}$

(2) $x^2+4x-2=0$ $x=\dfrac{-4\pm\sqrt{4^2-4\times1\times(-2)}}{2\times1}$
$=\dfrac{-4\pm2\sqrt{6}}{2}=-2\pm\sqrt{6}$

(4) $3x^2-4x+5=2(4x-3)$
整理すると，$3x^2-12x+11=0$
$x=\dfrac{-(-12)\pm\sqrt{(-12)^2-4\times3\times11}}{2\times3}$
$=\dfrac{12\pm2\sqrt{3}}{6}=\dfrac{6\pm\sqrt{3}}{3}$

⚠ **ここに注意**

解の公式で，x の係数が偶数のとき，解は約分できる形になるので，忘れないこと。

6 $(x-3)(x+3)=6x-2$ より，$x^2-9=6x-2$
$x^2-6x-7=0$ $(x+1)(x-7)=0$ $x=-1, 7$
よって，正のものは，$x=7$

7 (1) $-3x^2+9x+84=0$ $x^2-3x-28=0$
$(x+4)(x-7)=0$ $x=-4, 7$

(2) $(x-2)^2-5(x-2)-6=0$
$\{(x-2)+1\}\{(x-2)-6\}=0$
$(x-1)(x-8)=0$ $x=1, 8$

(3) $\dfrac{1}{6}x^2+\dfrac{7}{2}=\dfrac{5}{3}x$ の両辺を 6 倍して，
$x^2+21=10x$ $x^2-10x+21=0$
$(x-3)(x-7)=0$ $x=3, 7$

(4) $\dfrac{1}{2}x^2-8=\dfrac{1}{3}(x+1)(x-4)$ の両辺を 6 倍して，

$3x^2-48=2(x^2-3x-4)$
$3x^2-48=2x^2-6x-8$ $x^2+6x-40=0$
$(x-4)(x+10)=0$ $x=4, -10$

8 2次方程式の利用

Step 1 解答 　　　　　　　p.58～p.59

1 (1) $a=2$ (2) $a=-2$，もう 1 つの解は $x=-2$

2 (1) 4 と 8 (2) 6 と 13，-6 と -13

3 3，4，5 と -1，0，1

4 (1) 14 本 (2) 十角形

5 2 m

6 16 cm

解き方

1 (1) $x^2+5x+3a=0$ に $x=-3$ を代入すると，
$9-15+3a=0$ $a=2$

(2) $x^2+ax-8=0$ に $x=4$ を代入すると，
$16+4a-8=0$ $a=-2$
このとき，方程式は，$x^2-2x-8=0$
$(x+2)(x-4)=0$ $x=-2, 4$
よって，もう 1 つの解は，$x=-2$

2 (1) 2 つの数のうち，小さいほうの数を x とおくと，
大きいほうの数は $12-x$ で，積が 32 だから，
$x(12-x)=32$ $x^2-12x+32=0$
$(x-4)(x-8)=0$ $x=4, 8$
ここで，$x<12-x$ だから，$x<6$
よって，$x=4$ であり，大きいほうの数は
$12-4=8$

(2) 小さいほうの数を x とおくと，大きいほうの数
は $x+7$ で，積が 78 だから，
$x(x+7)=78$ $x^2+7x-78=0$
$(x+13)(x-6)=0$
$x=-13, 6$
$x=-13$ のとき，大きいほうの数は
$-13+7=-6$
$x=6$ のとき，大きいほうの数は $6+7=13$

3 連続する 3 つの整数を x，$x+1$，$x+2$ とすると，
$(x+2)^2=(x+1)^2+x^2$ $x^2-2x-3=0$
$(x+1)(x-3)=0$ $x=-1, 3$
$x=-1$ のとき，-1，0，1
$x=3$ のとき，3，4，5

4 (1) $\dfrac{7\times(7-3)}{2}=14$ (本)

(2) $\dfrac{n(n-3)}{2}=35$ より，$n(n-3)=70$

$n^2-3n-70=0$　$(n+7)(n-10)=0$　$n=-7$，10

n は 3 以上の自然数だから，$n=10$

🔔 ここに注意

> 2 次方程式の解の中には，文章題に適さないものも含まれることがあるので注意すること。

5 道路の幅を x m とすると，道の面積は，

$(12x+15x-x^2)$ m² と表すことができる。これが

50 m² になればよいので，

$12x+15x-x^2=50$　$x^2-27x+50=0$

$(x-2)(x-25)=0$　$x=2$，25

ここで，$x<12$ だから，$x=25$ は問題に合わない。

よって，$x=2$

6 もとの紙の横の長さを x cm とすると，

縦の長さは $(x+8)$ cm で，直方体の容器は，

底面が横 $(x-10)$ cm，縦 $x+8-10=x-2$ (cm)，

高さ 5 cm だから，

$5(x-10)(x-2)=420$ が成り立つ。

$(x-10)(x-2)=84$　$x^2-12x+20=84$

$x^2-12x-64=0$　$(x-16)(x+4)=0$

$x=16$，-4

ここで，$x>10$ だから，$x=-4$ は問題に合わない。

よって，$x=16$

Step 2　解答　p.60 ～ p.61

1 (1) $x^2+ax+8=0$ に $x=4$ を代入して，

$16+4a+8=0$　$4a=-24$　$a=-6$

このとき，方程式は，$x^2-6x+8=0$

$(x-2)(x-4)=0$ となるから，$x=2$，4

よって，もう 1 つの解は，$x=2$

(2) $a=2$，もう 1 つの解は，$x=-7$

(3) $a=7$，11，-7，-11

2 (1) $x=3$　(2) 96　(3) 2

3 12 日

4 8 m

5 (1) 3 秒後と 6 秒後　(2) 9 秒後

6 2 cm，6 cm

解き方

1 (2) $x^2+(2a+1)x-4a^2+2=0$ に $x=a$ を代入して，

$a^2+a(2a+1)-4a^2+2=0$　$a^2-a-2=0$

$(a+1)(a-2)=0$　$a=-1$，2

$a>0$ だから，$a=2$

このとき，方程式は，$x^2+5x-14=0$

$(x+7)(x-2)=0$　$x=-7$，2

よって，もう 1 つの解は，$x=-7$

(3) かけて 10 になる整数の組み合わせを考えると，

方程式の左辺は次のいずれかに因数分解される。

・$(x+1)(x+10)=0$　このとき，$a=11$

・$(x-1)(x-10)=0$　このとき，$a=-11$

・$(x+2)(x+5)=0$　このとき，$a=7$

・$(x-2)(x-5)=0$　このとき，$a=-7$

2 (1) $4(x+2)=(x+4)^2-29$　$x^2+4x-21=0$

$(x+7)(x-3)=0$　$x=-7$，3

$x>0$ だから，$x=3$

(2) もとの自然数は，十の位の数が a，一の位の数が

$a-3$ だから，$10a+(a-3)=11a-3$ と表すこと

ができるので，$a^2=11a-3-15$　$a^2-11a+18=0$

$(a-2)(a-9)=0$　$a=2$，9

$a=2$ のときは一の位の数が負になってしまうの

で問題に合わない。

よって，$a=9$ で，もとの自然数は 96 である。

(3) 中央の数を x とすると，連続する 3 つの整数は

$x-1$，x，$x+1$ と表されるから，

$(x+1)^2+x^2=13(x-1)$　$2x^2+2x+1=13x-13$

$2x^2-11x+14=0$

$x=\dfrac{-(-11)\pm\sqrt{(-11)^2-4\times2\times14}}{2\times2}=\dfrac{11\pm3}{4}$

$x=\dfrac{7}{2}$，2

x は整数だから，$x=2$

3 x の真上にある数は $x-7$，右隣にある数は $x+1$

と表すことができるので，

$x^2+(x-7)^2=(x+1)^2$　$x^2-16x+48=0$

$(x-4)(x-12)=0$　$x=4$，12

$x=4$ のときは，その真上に数がないので，問題に

合わない。

よって，$x=12$

4 縦を x m，横を $(x+2)$ m とする。道を除いた 4 つ

の花だんを合わせると，縦が $(x-3)$ m，横が

$x+2-3=x-1$ (m) の長方形になるから，

$(x-3)(x-1)=35$　$x^2-4x-32=0$

$(x+4)(x-8)=0$　$x=-4$，8

$x>3$ であるから，$x=8$ だけが問題に適する。

5 (1) $45t-5t^2=90$ より，$t^2-9t+18=0$

$(t-3)(t-6)=0$　$t=3$，6

（これは，ボールが上がっていくときと，落ちて

くるときの2回ある。)

(2) $45t-5t^2=0$ より，$t(t-9)=0$ $t=0$, 9

$t=0$ は最初の状態だから，再び地上に戻ってくるのは9秒後である。

6 $AP=DQ=x$ cm とすると，$AQ=(8-x)$ cm だから，△APQ の面積は，$\frac{1}{2}x(8-x)$ cm² と表すことができる。(ただし，$0\leqq x\leqq 8$)

$\frac{1}{2}x(8-x)=6$ より，$x^2-8x+12=0$

$(x-2)(x-6)=0$ $x=2$, 6

---

1 (1) $x=-1$, 2　(2) $x=\frac{2}{3}$, $\frac{9}{2}$　(3) $x=-2\pm\sqrt{5}$

(4) $x=0$, 2

2 (1) $\frac{\sqrt{3}}{2}$　(2) $a=4$，他の解は，$x=2+\sqrt{2}$

(3) $a=18$, 42, 50

3 8 cm

4 (1) ・$3a+3(a+3)$

　の考え方

　右の図1のように，

　2つの長方形に分け

　て求めた。

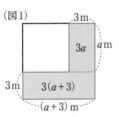

(図1)

・$3a\times 2+3^2$

　の考え方

　右の図2のように，

　2つの長方形と1つ

　の正方形に分けて

　求めた。

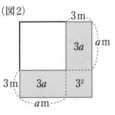

(図2)

・$(a+3)^2-a^2$ の考え方

1辺が $(a+3)$ m の正方形から1辺が a m の正方形をひいて求めた。

(2) $3a+3(a+3)=3a^2$ より，$a^2-2a-3=0$

$(a+1)(a-3)=0$ $a=-1$, 3

$a>0$ だから，$a=3$

よって，1辺の長さは 3 m

5 (1) $PQ=(10x-10)$ m，$PS=(10x+90)$ m

(2) 8 本

6 20 %

解き方

1 (1) $(2x+1)(x-1)-(x-2)(x+2)-5=0$

$2x^2-x-1-x^2+4-5=0$ $x^2-x-2=0$

$(x+1)(x-2)=0$ $x=-1$, 2

(2) $(6x-7)^2-17(6x-7)-60=0$

$6x-7=X$ とおくと，

$X^2-17X-60=0$ $(X+3)(X-20)=0$

$X=-3$, 20

$X=-3$ より，$6x-7=-3$ $x=\frac{2}{3}$

$X=20$ より，$6x-7=20$ $x=\frac{9}{2}$

(3) $\frac{(x+1)^2-4}{4}=\frac{-(x+1)}{2}$ の両辺を4倍すると，

$(x+1)^2-4=-2(x+1)$ $x^2+4x-1=0$

$x=\frac{-4\pm\sqrt{4^2-4\times 1\times(-1)}}{2\times 1}=\frac{-4\pm 2\sqrt{5}}{2}$

$=-2\pm\sqrt{5}$

(4) $\frac{(5x-2)^2-1}{2}-\frac{(5x+1)(5x-2)+2}{3}=\frac{3}{2}$

の両辺を6倍して，

$3(25x^2-20x+3)-2(25x^2-5x)=9$

$25x^2-50x=0$ $x^2-2x=0$ $x(x-2)=0$

$x=0$, 2

2 (1) $16x^2-16x+1=0$ の解は，

$x=\frac{-(-16)\pm\sqrt{(-16)^2-4\times 16\times 1}}{2\times 16}=\frac{16\pm 8\sqrt{3}}{32}$

$=\frac{2\pm\sqrt{3}}{4}$ であるから，

$a=\frac{2+\sqrt{3}}{4}$, $b=\frac{2-\sqrt{3}}{4}$

このとき，$a+b=1$，$a-b=\frac{\sqrt{3}}{2}$ より，

$a^2-b^2=(a+b)(a-b)=1\times\frac{\sqrt{3}}{2}=\frac{\sqrt{3}}{2}$

(2) $x^2-ax+2=0$ に $x=2-\sqrt{2}$ を代入すると，

$(2-\sqrt{2})^2-(2-\sqrt{2})a+2=0$

これより，$a=\frac{(2-\sqrt{2})^2+2}{2-\sqrt{2}}=\frac{8-4\sqrt{2}}{2-\sqrt{2}}=4$

このとき，方程式は $x^2-4x+2=0$ となるので，

$x=2\pm\sqrt{2}$

よって，他の解は，$x=2+\sqrt{2}$

(3) 奇数の解を，$x=m$, n とおくと，方程式の左辺は $(x-m)(x-n)$ と因数分解できるので，

$x^2-10x+\frac{a}{2}=x^2-(m+n)x+mn$

これより，$m+n=10$，$mn=\frac{a}{2}$ が成り立つ。

ここで，a は正の整数だから，$mn>0$ であり，

$m+n=10$ より，$(m, n)=(1, 9)$, $(3, 7)$,

$(5, 5)$, $(7, 3)$, $(9, 1)$

よって，考えられる a $(=2mn)$ の値は，

$a=18$, 42, 50

3 $AC=x$ cm とする。

$x^2+(13-x)^2$
$=x(13-x)+49$
$x^2+169-26x+x^2$
$=13x-x^2+49$
$3x^2-39x+120=0$ $x^2-13x+40=0$
$(x-5)(x-8)=0$ $x=5$, $x=8$
$AC>CB$ より, $x=8$

5 (1) PQ 間は 10 m の間隔が $(x-1)$ か所あるから,
   $PQ=10(x-1)=10x-10$ (m)
   PS 間は 10 m の間隔が $(x+10-1)$ か所あるから,
   $PS=10(x+10-1)=10x+90$ (m)
(2) 土地の面積が 11900 m^2 だから,
   $10(x-1)\times10(x+9)=11900$
   $(x-1)(x+9)=119$ $x^2+8x-128=0$
   $(x-8)(x+16)=0$ $x=8$, -16
   x は自然数だから, $x=8$

6 値上げ前の製品 1 個の価格を a 円, 売り上げ数量を b 個とすると, 値上げ後は,

1 個の価格が $a\times\left(1+\dfrac{x}{100}\right)$ 円

売り上げ数量が $b\times\left(1-\dfrac{\frac{1}{4}x}{100}\right)=b\times\left(1-\dfrac{x}{400}\right)$

個になり, 売り上げ総額が 14 ％の増加になるとき,

$ab\times\dfrac{114}{100}=a\times\left(1+\dfrac{x}{100}\right)\times b\times\left(1-\dfrac{x}{400}\right)$

が成り立つ。
両辺を ab でわって,

$\left(1+\dfrac{x}{100}\right)\left(1-\dfrac{x}{400}\right)=\dfrac{114}{100}$

$1+\dfrac{3x}{400}-\dfrac{x^2}{40000}=\dfrac{114}{100}$

両辺を 40000 倍して, 整理すると,
$x^2-300x+5600=0$ $(x-20)(x-280)=0$
$x=20$, 280
価格は 2 倍以上にしないから, $x=280$ は問題に合わない。
よって, $x=20$

第**4**章 関数 $y=ax^2$

9 関数 $y=ax^2$ とそのグラフ

Step 1 　解答	p.64 〜 p.65

1 (1) $y=\pi x^2$ (2) $y=2\pi x$ (3) $y=\dfrac{1}{2}x^2$

(4) $y=3x^2$
   y が x の 2 乗に比例するものは(1), (3), (4)

2 (1) $y=-2x^2$ (2) $y=-8$

3 (1)

x	-2	-1.5	-1	-0.5	0	0.5	1	1.5	2
y	-4	-2.25	-1	-0.25	0	-0.25	-1	-2.25	-4

(2)(3) 右の図

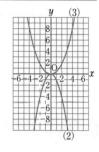

4 (1) $a=\dfrac{1}{4}$

(2) $a=-\dfrac{2}{9}$, もう 1 つの交点は $(-3,\ -2)$

【解き方】

2 (1) $y=ax^2$ に $x=3$, $y=-18$ を代入して,
   $-18=9a$ $a=-2$
   よって, $y=-2x^2$
(2) $x=2$ のとき, $y=-2\times2^2=-8$

4 (1) $y=ax^2$ に $x=-4$, $y=4$ を代入して, $4=16a$
   $a=\dfrac{1}{4}$
(2) $y=ax^2$ に $x=3$, $y=-2$ を代入して, $-2=9a$
   $a=-\dfrac{2}{9}$
   もう 1 つの交点は, y 軸について $(3,\ -2)$ と対称な点だから, $(-3,\ -2)$

Step 2 　解答	p.66 〜 p.67

1 イ

2 (1) $y=-6x^2$ (2) $y=18$

3 ⑥

4 (1) $a=\dfrac{4}{9}$ (2) $y=\dfrac{2}{3}x+6$

5 点 A の x 座標…-2, y 座標…$\dfrac{8}{3}$

6 (1) $\dfrac{25}{3}$ (2) $y=x+\dfrac{10}{3}$

7 $-\dfrac{7}{3}$

8 $a=\dfrac{1}{3}$

【解き方】

1 それぞれ y を x の式で表すと, **ア**…$y=6x$,

イ$\cdots y=\dfrac{1}{2}x^2$，ウ$\cdots y=\dfrac{18}{x}$，エ$\cdots y=x^3$ である。

2 (1) $y=ax^2$ に $x=3$，$y=-54$ を代入して，

$-54=9a$　$a=-6$

よって，$y=-6x^2$

(2) $y=ax^2$ に $x=-2$，$y=8$ を代入して，

$8=4a$　$a=2$

よって，$y=2x^2$ で，$x=-3$ のとき，

$y=2\times(-3)^2=18$

3 $y=ax^2$ のグラフは，$a>0$ のとき上に開き，$a<0$ のとき下に開く。

また，a の絶対値が大きいほど，グラフの開き方は小さい。

グラフが下に開いていて，開き方が最も大きいものを選ぶ。

4 (1) グラフが点 $(-3,\ 4)$ を通るから，$y=ax^2$ に $x=-3$，$y=4$ を代入して，

$4=9a$　$a=\dfrac{4}{9}$

(2) グラフの切片が 6 だから，直線 ℓ の式を $y=kx+6$ とおいて $x=-3$，$y=4$ を代入すると，

$4=-3k+6$ より，$k=\dfrac{2}{3}$

よって，直線 ℓ の式は，$y=\dfrac{2}{3}x+6$

5 $y=ax^2$ のグラフは y 軸について対称だから，AB と y 軸の交点を C とすると，AC＝CB＝2 となる。点 A の x 座標は -2 だから，y 座標は

$\dfrac{2}{3}\times(-2)^2=\dfrac{8}{3}$

6 (1) $y=\dfrac{1}{3}\times5^2=\dfrac{25}{3}$

(2) A の y 座標は $\dfrac{1}{3}\times(-2)^2=\dfrac{4}{3}$

2 点 A$\left(-2,\ \dfrac{4}{3}\right)$，B$\left(5,\ \dfrac{25}{3}\right)$ を通る直線 ℓ の式を求めて，$y=x+\dfrac{10}{3}$

7 A の x 座標を $a\,(a<0)$ とおくと，B の x 座標は $a+6$ となる。A の y 座標は a^2 で，B の y 座標は a^2+8 であることから，B の x 座標，y 座標を $y=x^2$ に代入して，

$a^2+8=(a+6)^2$

これを解いて，$a=-\dfrac{7}{3}$

8 $y=2x-7$ において，$x=3$ のとき $y=-1$

よって，AB＝4 のとき，A の y 座標は $4-1=3$ であるから，A$(3,\ 3)$

$y=ax^2$ に $x=3$，$y=3$ を代入して，

$3=9a$　$a=\dfrac{1}{3}$

10　関数 $y=ax^2$ の値の変化

Step 1　解答　　　　　　　p.68〜p.69

1 (1) $y=4$　(2) $4\leqq y\leqq9$　(3) $0\leqq y\leqq9$　(4) 7

2 (1) -6　(2) 2

3 (1) $1\leqq y\leqq9$　(2) $-32\leqq y\leqq0$

4 (1) 秒速 $2\,\text{m}$　(2) 秒速 $6\,\text{m}$

5 (1) aq^2-ap^2　(2) $a(p+q)$

【解き方】

1 (2)(3) 関数 $y=ax^2$ の変域を求めるときは，必ずグラフをかくようにすること。

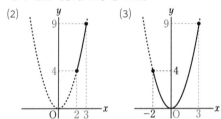

(4) $x=3$ のとき $y=9$，$x=4$ のとき $y=16$ だから，x が 3 から 4 まで増加するとき，x の増加量は $4-3=1$，y の増加量は $16-9=7$ である。

よって，変化の割合は，$\dfrac{7}{1}=7$

2 (1) $x=-3$ のとき $y=27$，$x=1$ のとき $y=3$ だから，x が -3 から 1 まで増加するとき，x の増加量は $1-(-3)=4$，y の増加量は $3-27=-24$ である。

よって，変化の割合は，$\dfrac{-24}{4}=-6$

(2) $x=-3$ のとき $y=-9$，$x=1$ のとき $y=-1$ だから，x が -3 から 1 まで増加するとき，x の増加量は $1-(-3)=4$，y の増加量は $-1-(-9)=8$ である。

よって，変化の割合は，$\dfrac{8}{4}=2$

【別解】

関数 $y=ax^2$ において，x の値が $x=p$ から $x=q$ まで増加するときの変化の割合は $a(p+q)$ となる。

（求め方は，**5** を参照）

これを用いると，

(1) $3\times(-3+1)=-6$

(2) $-1\times(-3+1)=2$ と求めることができる。

3 それぞれグラフで考える。

(2)は，x の変域に 0 が含まれているので注意が必要である。

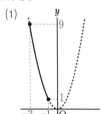 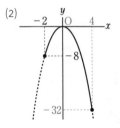

> 🚨 **ここに注意**
>
> 関数 $y=ax^2$ の y の変域では，x の変域に 0 が含まれているときは特に注意が必要である。必ずグラフをかくようにすること。

4 (1) 4 秒間に転がる距離は，$\frac{1}{2}\times 4^2=8$ (m) だから，

平均の速さは $8\div 4=$ 秒速 2 (m)

(2) 8 秒間に転がる距離は，$\frac{1}{2}\times 8^2=32$ (m) だから，

4 秒後から 8 秒後までの 4 秒間に $32-8=24$ (m) 転がったことがわかる。

よって，平均の速さは $24\div 4=$ 秒速 6 (m)

> 🚨 **ここに注意**
>
> 平均の速さは時間の変化に対する進んだ距離の変化の割合に等しい。
> これを用いると，
> (1) $\frac{1}{2}\times(0+4)=2$
> (2) $\frac{1}{2}(4+8)=6$

5 (1) $x=p$ のとき $y=ap^2$，$x=q$ のとき $y=aq^2$ だから，y の増加量は，aq^2-ap^2

(2) 変化の割合は，

$$\frac{aq^2-ap^2}{q-p}=\frac{a(q-p)(q+p)}{q-p}=a(p+q)$$

Step 2	解答	p.70 〜 p.71

1 イ，エ

2 (1) $0\leqq y\leqq 9$　(2) $a=\frac{1}{3}$

3 (1) -3　(2) $a=\frac{3}{2}$　(3) $a=\frac{2}{3}$

4 (1) $0\leqq y\leqq 12$　(2) $-4\leqq y\leqq 0$　(3) $0\leqq y\leqq 2$

5 $a=\frac{4}{9}$，$b=0$

6 (1) $y=\frac{1}{4}x^2$，

グラフは右の図

(2) 秒速 8 m

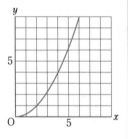

7 $a=-\frac{3}{2}$，$b=-4$

> **解き方**

1 オ x の変域が $-5\leqq x\leqq 1$ のとき，y の変域は $-25\leqq y\leqq 0$ であるから，正しくない。

2 (1) 右の図より，$0\leqq y\leqq 9$

(2) x の増加量は $4-2=2$，y の増加量は $16a-4a=12a$ だから，変化の割合は，

$$\frac{12a}{2}=6a$$

これが 2 であるから，

$6a=2$ より，$a=\frac{1}{3}$

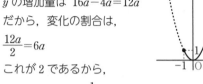

3 (1) x の増加量は $4-2=2$，y の増加量は $(-8)-(-2)=-6$ だから，変化の割合は，

$$\frac{-6}{2}=-3$$

(2) x の増加量は，$(a+2)-a=2$，y の増加量は $(a+2)^2-a^2=4a+4$ だから，変化の割合は，

$$\frac{4a+4}{2}=2a+2$$

これが 5 であるから，$2a+2=5$ より，$a=\frac{3}{2}$

(3) 関数 $y=ax^2$ において，x の値が 1 から 5 まで増加するとき，x の増加量は $5-1=4$，y の増加量は $25a-a=24a$ だから，変化の割合は，

$$\frac{24a}{4}=6a$$

一方，1 次関数 $y=4x+1$ の変化の割合は x の増加量に関係なく 4 であるから，

$6a=4$ より，$a=\frac{2}{3}$

> 🚨 **ここに注意**
>
> 変化の割合について，
> 1 次関数 $y=ax+b$ → つねに a である。
> 関数 $y=ax^2$ → 一定でない。

5 x の変域に 0 が含まれているので，y の変域にも 0

が含まれる。

よって，$b=0$ である。

また，$y=4$ になるのは x の絶対値が最も大きい $x=-3$ のときだから，

$4=a\times(-3)^2$ より，$a=\dfrac{4}{9}$

6 (1) $y=ax^2$ に $x=6$，$y=9$ を代入して，$9=36a$

$a=\dfrac{1}{4}$

よって，$y=\dfrac{1}{4}x^2$

(2) x の値が 14 から 18 まで増加するときの変化の割合が平均の速さである。$a(p+q)$ の公式を使うと，$\dfrac{1}{4}\times(14+18)=$ 秒速 8 (m)

7 ⑦ $a>0$ のとき，①は $x=-2$ のとき y の値が最も大きく，②は $x=-2$ のとき y の値が最も大きいので，y の変域が一致するためには，$x=-2$ のときの y の値が①と②で等しくならなければならない。しかし，$x=-2$ と $x=1$ で①と②は交わらないので，これは成り立たない。

⑦ $a<0$ のとき，①は $x=0$ のとき y の値が $y=0$ で最も大きく，②は $x=-2$ のとき y の値が最も大きいので，y の変域が一致するためには，②で $x=-2$ のときの y の値が 0 にならなければならない。

よって，$0=-2\times(-2)+b$ より，$b=-4$

このとき，②は $x=1$ のとき最小で，その値は $y=-2\times1-4=-6$ になるから，①で x が -2 のときの y の値が -6 になればよい。

よって，$-6=a\times(-2)^2$ より，$a=-\dfrac{3}{2}$

11 放物線と図形

| Step 1　解答 | p.72～p.73 |

1 (1) $a=2$　(2) A$(-1,\ 1)$

(3) $\triangle$BCO$=4$，$\triangle$AOB$=3$　(4) $y=\dfrac{1}{2}x+\dfrac{3}{2}$

2 (1) 4　(2) $(2,\ 1)$，$(-2,\ 1)$，$(6,\ 9)$，$(-6,\ 9)$

3 $a=\dfrac{1}{8}$

4 $a=\dfrac{4}{7}$

解き方

1 (1) 点 B は $y=x^2$ のグラフ上にあるから，x 座標が 2 のとき y 座標は $2^2=4$

よって，点 B の座標は $(2,\ 4)$ で，直線 $y=x+a$ もこの点を通るので，$4=2+a$ より，$a=2$

(2) 点 A は $y=x^2$ と $y=x+2$ の交点(のうち B 以外の点)であるから，その x 座標は，方程式 $x^2=x+2$ を解いて求めることができる。

$x^2-x-2=0$　$(x+1)(x-2)=0$　$x=-1,\ 2$ より，点 A の x 座標は -1($x=2$ は点 B の x 座標)とわかるので，y 座標は $(-1)^2=1$

よって，A$(-1,\ 1)$

(3) $y=x+2$ において，$0=x+2$ より，$x=-2$

よって，C$(-2,\ 0)$ とわかる。

$\triangle$BCO は OC を底辺とすると，高さは点 B の y 座標に等しいから，$\triangle$BCO$=2\times4\times\dfrac{1}{2}=4$

同様に，$\triangle$ACO$=2\times1\times\dfrac{1}{2}=1$ だから，

$\triangle$AOB$=\triangle$BCO$-\triangle$ACO$=4-1=3$

(4) 線分 OB の中点を D とすると，A と D を結ぶ直線は $\triangle$AOB の面積を 2 等分する。D の座標は $(1,\ 2)$ であるから，2 点 A$(-1,\ 1)$，D$(1,\ 2)$ を通る直線の式を求めて，$y=\dfrac{1}{2}x+\dfrac{3}{2}$

2 (2) 線分 AB の長さは $7-1=6$ だから，これに対して高さが $12\times2\div6=4$ となるようなグラフ上の点を求めればよい。

そのような点は，図のように $P_1\sim P_4$ の 4 つあり，座標は順に $(-6,\ 9)$，$(6,\ 9)$，$(-2,\ 1)$，$(2,\ 1)$ である。

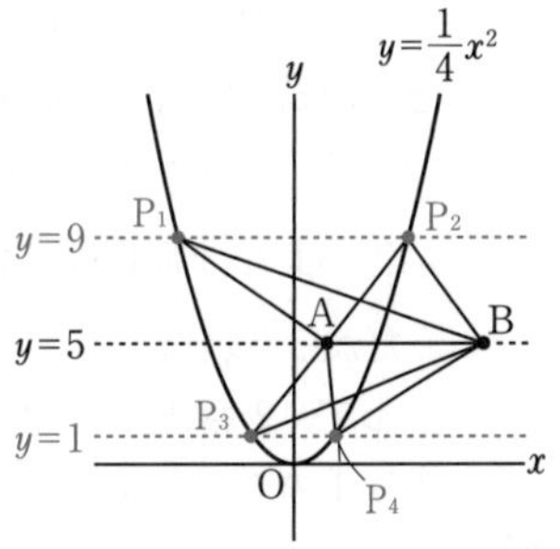

3 AB$=8$ だから，A の x 座標は -4，B の x 座標は 4 である。また，CD$=8$ で，D の y 座標が -2 だから，C の y 座標は $-2+8=6$

CD の中点の y 座標は $(-2+6)\div2=2$ であり，これが A，B の y 座標と等しい。

よって，B$(4,\ 2)$ とわかるので，$y=ax^2$ にこれを代入して，$2=a\times4^2$　$a=\dfrac{1}{8}$

4 点 B，C の x 座標は 2 だから，y 座標はそれぞれ，$4a\ (0<a<2)$，8 になる。

長方形 ABCD$=$AB$\times$BC$=4\times(8-4a)=16(2-a)$，

$\triangle OAB = AB \times (B \text{ の } y \text{ 座標}) \times \dfrac{1}{2} = 4 \times 4a \times \dfrac{1}{2} = 8a$

と表すことができるので，$16(2-a) = 8a \times 5$ より，

$a = \dfrac{4}{7}$

Step 2　解答　　　　　　　　　　　p.74〜p.75

1 (1) $a = \dfrac{1}{2}$　(2) $y = x + 4$

2 (1) $a = \dfrac{1}{4}$，$b = 9$　(2) 8　(3) $-2\sqrt{5}$

3 (1) P(-6, 9)　(2) $-\dfrac{20}{3}$，$\dfrac{20}{3}$

4 (1) $a = -\dfrac{1}{2}$　(2) 12

　　(3) C(-8, -4)，D(-4, -12)

5 (1) ① 4　② $y = 2x + 1$　(2) ① $\dfrac{3}{2}a^2$　② $a = \dfrac{4}{3}$

解き方

1 (1) $y = ax^2$ のグラフが点 A(-2, 2) を通るから，

　　$2 = a \times (-2)^2$ より，$a = \dfrac{1}{2}$

(2) $\triangle BAO$ の面積が $\triangle ACO$ の面積の 3 倍だから，
$\triangle BCO$ の面積は $\triangle ACO$ の面積の 4 倍である。
したがって，線分 OC を底辺と考えたとき，B
までの高さは A までの高さの 4 倍で，$2 \times 4 = 8$
である。これが B の y 座標にあたるから，B の
y 座標は 8，x 座標は，$8 = \dfrac{1}{2}x^2$ を満たす正の数
x だから，$x = 4$

　　よって，2 点 A(-2, 2)，B(4, 8) を通る直線の
式を求めて，$y = x + 4$

2 (1) $y = ax^2$ のグラフが点 A(2, 1) を通るから，

　　$1 = a \times 2^2$ より，$a = \dfrac{1}{4}$

　　$y = \dfrac{1}{4}x^2$ に $x = -6$，$y = b$ を代入して，$b = 9$

(2) 線分 AC の長さは $2 - 0 = 2$ であり，点 B までの
高さは $9 - 1 = 8$ だから，$\triangle ABC$ の面積は，

　　$2 \times 8 \times \dfrac{1}{2} = 8$

(3) 線分 AD の長さは $2 - (-2) = 4$ だから，$\triangle APD$
の面積が 8 になるためには，線分 AD から P ま
での高さが 4 になればよい。P は放物線上の A
と B の間にある点だから，P の y 座標は

　　$1 + 4 = 5$ で，x 座標は $5 = \dfrac{1}{4}x^2$，$x < 2$ より，

　　$x = -2\sqrt{5}$

3 (1) Q が y 軸上にあるとき，線分 OQ の中点も y 軸
上にあって，その x 座標は 0 になる。平行四辺
形では，2 本の対角線はそれぞれの中点で交わる
ので，線分 AP の中点も y 軸上にあることになり，
その x 座標は 0 になる。

　　よって，A の x 座標は 6 だから，P の x 座標は

　　-6 で，y 座標は $\dfrac{1}{4} \times (-6)^2 = 9$

　　したがって，P(-6, 9)

(2) PQ を P のほうへ延
長し，x 軸との交点
を R_1 とすれば，
OA ∥ QR$_1$ だから，
$\triangle OAR_1$ の 面 積 は
$\triangle OAQ$ の面積と等
しくなる。

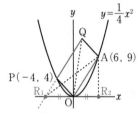

　　直線 PQ は点 P(-4, 4) を通り，傾きが OA と

　　等しく $\dfrac{3}{2}$ の直線だから，その式は，

　　$y = \dfrac{3}{2}x + 10$ である。

　　よって，R_1 の x 座標は，$0 = \dfrac{3}{2}x + 10$ より，

　　$x = -\dfrac{20}{3}$

　　また，原点について R_1 と対称な点 $R_2\left(\dfrac{20}{3}, 0\right)$ を
とれば，$\triangle OAR_1 = \triangle OAR_2$ より，この点も条件
を満たす。

　　よって，R の x 座標は，$-\dfrac{20}{3}$，$\dfrac{20}{3}$

4 (1) $y = ax^2$ のグラフが点 B(4, -8) を通ることから，

　　$-8 = a \times 4^2$ より，$a = -\dfrac{1}{2}$

(2) 点 A の y 座標は $-\dfrac{1}{2} \times (-2)^2 = -2$ だから，直
線 AB の式は $y = -x - 4$ となる。
直線 AB と y 軸との交点を E とすると，
OE = 4 だから，

　　$\triangle OAB = \triangle OAE + \triangle OBE = 4 \times 2 \times \dfrac{1}{2} + 4 \times 4 \times \dfrac{1}{2}$

　　$= 12$

(3) 正方形 OCDB を図
のように正方形で囲
むと，周りの直角三
角形はすべて合同で
あるから，

C(-8, -4)，

D(-4, -12) とわかる。

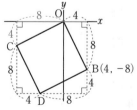

🚨 **ここに注意**

座標平面上の傾いた正方形は，軸に平行な正方形で囲み，三角形の合同を利用する。

5 (1)② 点Aの座標は $(2, 4)$，点Cは x 座標が -2 で，y 座標は $-\dfrac{1}{2}\times(-2)^2=-2$ だから，ACの中点の座標は $(0, 1)$ とわかる。

長方形の面積は，対角線の交点を通る直線によって2等分されるので，2点 $(1, 3)$，$(0, 1)$ を通る直線の式を求めて，$y=2x+1$

🚨 **ここに注意**

平行四辺形(長方形，正方形，ひし形)の面積は，対角線の交点を通る直線で2等分される。

(2)① Aの x 座標が a のとき，各点の座標は，
$A(a, a^2)$，$B(-a, a^2)$，$C\left(-a, -\dfrac{1}{2}a^2\right)$，
$D\left(a, -\dfrac{1}{2}a^2\right)$ となるので，
AD＝(Aの y 座標)－(Dの y 座標)
$=a^2-\left(-\dfrac{1}{2}a^2\right)=\dfrac{3}{2}a^2$
② AB＝(Aの x 座標)－(Bの x 座標)
$=a-(-a)=2a$ と表すことができる。
AD＝AB のとき，四角形ABCDは正方形になるので，$\dfrac{3}{2}a^2=2a$ より，$a>0$ だから，$a=\dfrac{4}{3}$

Step 3 解答 p.76 ～ p.77

1 (1) $y=-x+4$ (2) 12 (3) $\mathrm{P}(-2, 2)$
(4) $\mathrm{Q}\left(\dfrac{4}{5}, 0\right)$

2 (1) $a=\dfrac{3}{2}$ (2) $y=-\dfrac{3}{2}x+3$ (3) $\mathrm{C}(6, 9)$
(4) $45\ \mathrm{cm}^2$

3 (1) $y=\dfrac{1}{2}x+6$ (2) 2
(3) $\mathrm{R}\left(-t, \dfrac{1}{4}t^2\right)$
(4) $t=-3+\sqrt{33}$

4 (1) $a=\dfrac{3}{2}$ (2) $m=\dfrac{3}{2}$ (3) 1，$\dfrac{1\pm\sqrt{17}}{2}$

解き方

1 (1)直線ABの式を $y=ax+b$ とおくと，$A(-4, 8)$，$B(2, 2)$ を通ることから，$8=-4a+b$，$2=2a+b$ が成り立つ。これを解いて，$a=-1$，$b=4$
よって，直線ABの式は，$y=-x+4$

---

(2) 直線ABと y 軸との交点をCとすると，Cの y 座標は4だから，△ABO＝△OAC＋△OBC
$=4\times4\times\dfrac{1}{2}+4\times2\times\dfrac{1}{2}=12$

(3) 原点Oを通って直線ABと平行な直線をひき，放物線との交点をPとすれば，△ABOと△ABPの面積は等しくなる。

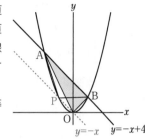

直線ABの傾きは -1 だから，Oを通って直線ABと平行な直線の式は $y=-x$

これと，$y=\dfrac{1}{2}x^2$ の交点のうち，原点O以外の点の座標を求めればよいから，$\dfrac{1}{2}x^2=-x$ より，
$x=-2$，$y=2$
よって，$\mathrm{P}(-2, 2)$

🚨 **ここに注意**

面積が等しくなる点を見つけるときは，平行線による等積変形を考える。

(4) x 軸について点Bと線対称な点を B' とし，直線 AB' が x 軸と交わる点をQとすればよい。
B' の座標は $(2, -2)$ だから，直線 AB' の式を $y=ax+b$ とおくと，
$8=-4a+b$，$-2=2a+b$

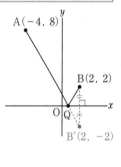

より，$a=-\dfrac{5}{3}$，$b=\dfrac{4}{3}$
よって，$y=-\dfrac{5}{3}x+\dfrac{4}{3}$ と x 軸との交点を求めて，
$0=-\dfrac{5}{3}x+\dfrac{4}{3}$　$x=\dfrac{4}{5}$ より，$\mathrm{Q}\left(\dfrac{4}{5}, 0\right)$

2 (1) $y=ax^2$ のグラフが $A(-2, 6)$ を通るから，
$6=a\times(-2)^2$ より，$a=\dfrac{3}{2}$

(2) Bの y 座標は $\dfrac{3}{2}\times1^2=\dfrac{3}{2}$ だから，$A(-2, 6)$，$B\left(1, \dfrac{3}{2}\right)$ を通る直線の式を $y=mx+n$ とおくと，$6=-2m+n$，$\dfrac{3}{2}=m+n$ より，$m=-\dfrac{3}{2}$，$n=3$
よって，直線ABの式は，$y=-\dfrac{3}{2}x+3$

(3) 直線 BC の傾きは $\frac{3}{2}$ で，AD∥BC だから，直線

AD の傾きも $\frac{3}{2}$ である。直線 AD の式を

$y=\frac{3}{2}x+b$ とおくと，A(−2, 6) を通るから，

$6=-3+b$　$b=9$ より，直線 AD の式は

$y=\frac{3}{2}x+9$ とわかる。

D は放物線 $y=\frac{3}{2}x^2$ と直線 AD の交点だから，

$\frac{3}{2}x^2=\frac{3}{2}x+9$ を解くと，$3x^2=3x+18$

$x^2-x-6=0$　$(x+2)(x-3)=0$ より，

$x=-2, 3$ となり，D の x 座標は 3 である。

AD=BC より，B と C の x 座標の差は A と D

の x 座標の差に等しいので，B と C の x 座標の

差は $3-(-2)=5$ であり，B の x 座標は 1 だか

ら，C の x 座標は 6 とわかり，C は直線 $y=\frac{3}{2}x$

上の点だから，y 座標は $\frac{3}{2}\times6=9$

したがって，C の座標は (6, 9) である。

別解

B，C は直線 $y=\frac{3}{2}x$ 上にあるから，C は B から

右に $2k$，上に $3k$（k はある正の数）移動したとこ

ろにある。D も A から右に $2k$，上に $3k$ 移動し

たところにあるので，D の座標は，k を使って，

D($-2+2k$, $6+3k$) と表すことができる。D は

放物線 $y=\frac{3}{2}x^2$ 上の点だから，

$6+3k=\frac{3}{2}(-2+2k)^2$ が成り立つので，これを解

いて，$6+3k=6k^2-12k+6$　$k(2k-5)=0$ より，

正の解は $k=\frac{5}{2}$

よって，C は B から右に 5，上に $\frac{15}{2}$ 移動したと

ころの点だから，C(6, 9) とわかる。

(4) 直線 AD の式は

$y=\frac{3}{2}x+9$ より，y 軸と

交わる点を E とすると，

E(0, 9) だから，C と E

の y 座標の値は等しく，

線分 CE は x 軸と平行

になり，長さは 6 cm で

ある。B を通って x 軸と平行な直線が直線 AD

と交わる点を F とすると，四角形 BCEF は平行

四辺形になり，その面積は平行四辺形 ABCD の

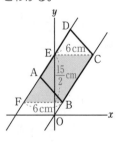

面積と等しい。

平行四辺形 BCEF は，FB (=6 cm)を底辺とす

ると，高さは $9-\frac{3}{2}=\frac{15}{2}$ (cm) だから，面積は

$6\times\frac{15}{2}=45$ (cm²) である。

3 (1) $y=ax^2$ のグラフは A(−4, 4) を通るから，

$4=a\times(-4)^2$ より，$a=\frac{1}{4}$

よって，$y=\frac{1}{4}x^2$

B の y 座標は $\frac{1}{4}\times6^2=9$ だから，B(6, 9)

2 点 (−4, 4)，(6, 9) を通る直線の式を

$y=mx+n$ とおくと，$4=-4m+n$　$9=6m+n$

より，

$m=\frac{1}{2}$，$n=6$

よって，直線 ℓ の式は，$y=\frac{1}{2}x+6$

(2) このような点 P の x 座標を p とする。△APQ

と△BPQ において，共通の底辺を PQ とみると，

高さの比が 3：2 になればよいから，

$\{p-(-4)\}:(6-p)=3:2$ が成り立つ。これを

解いて，$p=2$

(3) P と Q の x 座標は等しいから，Q の座標は

Q$\left(t, \frac{1}{4}t^2\right)$ と表すことができ，R は Q と y 座標

が等しく，x 座標は符号が逆であるから，

R$\left(-t, \frac{1}{4}t^2\right)$ となる。

(4) QP=(P の y 座標)−(Q の y 座標)

$=\left(\frac{1}{2}t+6\right)-\frac{1}{4}t^2$

QR=(Q の x 座標)−(R の x 座標)

$=t-(-t)=2t$

よって，$\left(\frac{1}{2}t+6\right)-\frac{1}{4}t^2=2t$ となればよい。

これより，$t^2+6t-24=0$　$t=-3\pm\sqrt{33}$

$0<t<6$ であるから，$t=-3+\sqrt{33}$

4 (1)(2) 直線 AB が y 軸と交わる点を P とする。

△OAB=△OAP+△OBP

$=OP\times1\times\frac{1}{2}+OP\times2\times\frac{1}{2}=OP\times\frac{3}{2}$

これが $\frac{9}{2}$ と等しいから，OP=3

よって，$n=3$

ここで，$x=-1$ のときと $x=2$ のときで，①と

②の y の値が等しいことから，

$a=-m+3$，$4a=2m+3$ が成り立つ。

これを解いて, $a=\dfrac{3}{2}$, $m=\dfrac{3}{2}$

(3) △ABC

$=△ABO\left(=\dfrac{9}{2}\right)$

となる点Cを放物線上に見つければよい。

そのような点C は原点O以外に

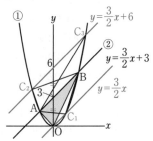

3つあり, C_1 は放物線と直線 $y=\dfrac{3}{2}x$ との交点

(原点以外), C_2, C_3 は放物線と直線 $y=\dfrac{3}{2}x+6$

との交点である。

よって, 方程式 $\dfrac{3}{2}x^2=\dfrac{3}{2}x$, および

$\dfrac{3}{2}x^2=\dfrac{3}{2}x+6$ を解いて,

Cの x 座標は, 1, $\dfrac{1\pm\sqrt{17}}{2}$

第5章　相似な図形

12　相似な三角形

Step 1　解答	p.78 〜 p.79

1 ア と カ…2組の角がそれぞれ等しい。

イ と オ…3組の辺の比がすべて等しい。

ウ と エ…2組の辺の比とその間の角がそれぞれ等しい。

2 △AOC と △BOD において,

仮定より, AO：BO＝CO：DO＝1：2 ……①

対頂角は等しいから, ∠AOC＝∠BOD ……②

①, ②より, 2組の辺の比とその間の角がそれぞれ等しいから, △AOC∽△BOD

3 (1) △ABC と △DBA において,

仮定より, ∠BAC＝∠BDA＝90° ……①

また, 共通な角だから,

∠ABC＝∠DBA ……②

①, ②より, 2組の角がそれぞれ等しいから,

△ABC∽△DBA

(2) AC＝$\dfrac{45}{4}$ cm, CD＝$\dfrac{27}{4}$ cm

4 (1) △ADE と △ABC において,

仮定より, ∠AED＝∠ACB ……①

また, 共通な角だから,

∠DAE＝∠BAC ……②

①, ②より, 2組の角がそれぞれ等しいから,

△ADE∽△ABC

(2) $\dfrac{20}{3}$ cm

5 (1) △ABD と △BCE において,

二等辺三角形 ABC の底角は等しいから,

∠ABD＝∠BCE ……①

また, D は二等辺三角形 ABC の底辺の中点だから, AD⊥BC

よって, ∠ADB＝90°

これと仮定から,

∠ADB＝∠BEC＝90° ……②

①, ②より, 2組の角がそれぞれ等しいから,

△ABD∽△BCE

(2) 7 cm

解き方

3 (2) △ABC∽△DBA より, AC：DA＝AB：DB

AC：9＝15：12　12AC＝135　AC＝$\dfrac{45}{4}$(cm)

また, BC：BA＝AB：DB より,

BC：15＝15：12　12BC＝225　BC＝$\dfrac{75}{4}$(cm)

これより, CD＝BC−BD＝$\dfrac{75}{4}-12＝\dfrac{27}{4}$(cm)

4 (2) △ADE∽△ABC より, AE：AC＝DE：BC

AE＝AB−EB＝14−6＝8(cm) だから,

8：12＝DE：10　12DE＝80　DE＝$\dfrac{20}{3}$(cm)

5 (2) BD＝BC÷2＝4÷2＝2(cm)

△ABD∽△BCE より, AB：BC＝BD：CE

8：4＝2：CE　8CE＝8　CE＝1(cm)

これより, AE＝AC−CE＝8−1＝7(cm)

Step 2　解答	p.80 〜 p.81

1 (1) $x=\dfrac{16}{3}$　(2) 21 cm　(3) $-2+2\sqrt{5}$

2 (1) △AED と △EDC において,

EA：DE＝16：12＝4：3

ED：DC＝12：9＝4：3 であるから,

EA：DE＝ED：DC＝4：3 ……①

AE∥DC より, 錯角が等しいので,

∠AED＝∠EDC ……②

①, ②より, 2組の辺の比とその間の角がそれぞれ等しいから, △AED∽△EDC

(2) ① $\dfrac{3}{2}$ 倍　② $\dfrac{75}{32}$ 倍

3 (1) △APC と △PQC において，

共通な角だから，∠ACP＝∠PCQ ……①

また，AB＝AC より，∠ABC＝∠ACB だから，∠AB′Q＝∠PCQ ……②

対頂角は等しいから，

∠AQB′＝∠PQC ……③

②，③より，∠B′AQ＝∠QPC ……④

仮定より，∠PAC＝∠B′AQ だから，これと④より，∠PAC＝∠QPC ……⑤

①，⑤より，2組の角がそれぞれ等しいから，△APC∽△PQC

(2) 36°

4 (1) △ABC と △CBD において，

共通な角だから，∠ABC＝∠CBD ……①

△ABC は二等辺三角形だから，

∠ABC＝∠ACB ……②

△CBD は二等辺三角形だから，

∠ABC＝∠CDB ……③

②，③より，∠ACB＝∠CDB ……④

①，④より，2組の角がそれぞれ等しいから，△ABC∽△CBD

(2) $(1+\sqrt{5})$ cm

5 △BCQ と △CPD において，

仮定より，∠BQC＝90°

長方形の1つの内角は90°だから，∠CDP＝90°

よって，∠BQC＝∠CDP＝90° ……①

また，AD∥BC より，錯角が等しいので，

∠QCB＝∠DPC ……②

①，②より，2組の角がそれぞれ等しいから，

△BCQ∽△CPD

〔解き方〕

1 (1) △ABC と △DBA において，∠B は共通であり，AB：DB＝6：4＝3：2，BC：BA＝9：6＝3：2 であるから，△ABC∽△DBA であることがわかる。

よって，AB：DB＝AC：DA より，

6：4＝8：x　6x＝32　$x=\dfrac{16}{3}$

(2) △DBF と △FCE において，

∠DBF＝∠FCE＝60° であり，∠DFB＝a とおくと，

△DBF の内角の和より，

∠BDF＝180°－(60°＋a)＝120°－a

また，一直線の角度は180°，∠DFE＝60° だから，∠CFE＝180°－(60°＋a)＝120°－a

よって，∠BDF＝∠CFE となり，2組の角がそれぞれ等しいから，△DBF∽△FCE とわかる。

したがって，DB：FC＝FD：EF より，

16：24＝(30－16)：EF

2：3＝14：EF　2EF＝42

EF＝21 (cm)

(3) 長方形 ECDF∽長方形 ABCD より，

EC：AB＝EF：AD

ここで，AB＝x とおくと，EC＝4－x であるから，(4－x)：x＝x：4 が成り立つ。

これより，$x^2=4(4-x)$　$x^2+4x-16=0$

$x=-2\pm2\sqrt{5}$

0＜x＜4 であるから，$x=-2+2\sqrt{5}$

2 (2) ① AD＝2BE のとき，BE＝a，AD＝2a とおくと，△AED∽△EDC より，AD：EC＝AE：ED

2a：EC＝16：12　16EC＝24a

$EC=\dfrac{3}{2}a$　よって，$\dfrac{3}{2}a\div a=\dfrac{3}{2}$ (倍)

② △AED と △EDC の相似比は

16：12＝4：3 であるから，面積比は

$4^2:3^2=16:9$

よって，△AED＝16S，△EDC＝9S とすると，△AEC＝△AED＝16S，BE：EC＝2：3 より，

△ABE＝△AEC×$\dfrac{2}{3}=\dfrac{32}{3}S$ となる。

このとき，台形 AECD＝16S＋9S＝25S であるから，台形 AECD の面積は △ABE の面積の

$25S\div\dfrac{32}{3}S=\dfrac{75}{32}$ (倍)

3 (2) ∠PAC
＝∠CAB′＝a
とおくと，

∠BAP
＝∠B′AP＝2a,

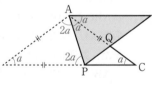

BA＝BP だから，∠BPA＝∠BAP＝2a

このとき，△APC に着目すると，

a＋∠ACP＝2a となるから，∠ACP＝a

∠ABP＝∠ACP＝a

よって，△ABP の内角の和を考えると，

a＋2a＋2a＝180°　5a＝180°　a＝36°

4 (1) 2つの二等辺三角形は，底角どうし，または頂角

どうしが同じ大きさであれば，3つの角がすべて
等しくなり，相似である。

(2) AB＝AC＝x cm とすると，

△ABC∽△CBD より，AB：CB＝BC：BD

x：2＝2：(x−2)　x^2−2x−4＝0　x＝1±$\sqrt{5}$

x＞2 だから，x＝1＋$\sqrt{5}$

13 平行線と線分の比

Step 1　解答　　　　　　　　　p.82 ～ p.83

1 (1) x＝6，y＝$\dfrac{24}{5}$　(2) x＝3，y＝5

2 (1) 2：3　(2) 4 cm

3 (1) x＝6　(2) x＝36

4 (1) 仮定より，AE＝CE，DE＝FE であるから，
対角線がそれぞれの中点で交わる。
よって，四角形 ADCF は平行四辺形である。

(2) 四角形 ADCF が平行四辺形であるから，
AD∥FC，AD＝FC
また，AD＝DB から DB∥FC，DB＝FC
よって，1組の対辺が平行でその長さが等し
いから，四角形 DBCF は平行四辺形である。

(3) 四角形 DBCF が平行四辺形であるから，
DF∥BC，DF＝BC
DE＝$\dfrac{1}{2}$DF から，DE∥BC，DE＝$\dfrac{1}{2}$BC

5 $\dfrac{9}{2}$ cm

解き方

1 (1) x：9＝4：6 より，6x＝36　x＝6

y：12＝4：(4＋6) より，10y＝48　y＝$\dfrac{24}{5}$

(2) x：6＝2：4 より，4x＝12　x＝3

2.5：y＝2：4 より，2y＝10　y＝5

2 (1) DE：BC＝AE：AC＝6：9＝2：3

(2) AD：DB＝AE：EC＝6：3＝2：1 だから，

DB＝12×$\dfrac{1}{3}$＝4 (cm)

3 (1) 4：6＝x：9 より，6x＝36　x＝6

(2) x：12＝(20＋10)：10 より，10x＝360　x＝36

別解

10：20＝12：x−12 より，240＝10x−120

10x＝360　x＝36

5 △BFD で，中点連結定理より，DF＝3×2＝6 (cm)

△AEC で，中点連結定理より，GF＝3×$\dfrac{1}{2}$＝$\dfrac{3}{2}$ (cm)

よって，DG＝DF−GF＝6−$\dfrac{3}{2}$＝$\dfrac{9}{2}$ (cm)

Step 2　解答　　　　　　　　　p.84 ～ p.85

1 (1) x＝8　(2) $\dfrac{24}{5}$ cm　(3) x＝9，y＝2

(4) x＝27

2 (1) 2：1　(2) 3：2　(3) 8

3 3

4 (1) A と C を結ぶと，
△ABC で，中点連結定理より，

PQ∥AC，PQ＝$\dfrac{1}{2}$AC ……①

△DAC で，中点連結定理より，

SR∥AC，SR＝$\dfrac{1}{2}$AC ……②

①，②より，PQ∥SR，PQ＝SR

1 組の対辺が平行でその長さが等しいから，
四角形 PQRS は平行四辺形である。

(2) AC＝BD，AC⊥BD のとき

5 (1) 5：3　(2) 3：3：2

6 5：2

解き方

1 (1) x：14＝4：(4＋3) より，7x＝56　x＝8

(2) FD：DB＝GE：EC＝4：6＝2：3 だから，

FD＝FB×$\dfrac{2}{5}$＝12×$\dfrac{2}{5}$＝$\dfrac{24}{5}$ (cm)

(3) x：6＝6：4 より，

4x＝36　x＝9

右の図で，

AB：12＝9：(9＋6)

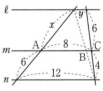

より，AB＝$\dfrac{36}{5}$

よって，BC＝8−AB＝$\dfrac{4}{5}$

$\dfrac{4}{5}$：y＝4：(4＋6) より，4y＝8　y＝2

(4) 右の図のように，平行
四辺形 AEGB をつく
ると，

FG＝6×2＝12 (cm)

だから，

x＝15＋12＝27

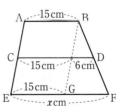

別解

対角線 AF をひくと，

$\text{PD}=15\times\dfrac{1}{2}=\dfrac{15}{2}$ (cm)

だから，

$\text{CP}=21-\dfrac{15}{2}=\dfrac{27}{2}$ (cm)

よって，

$x=\dfrac{27}{2}\times2=27$

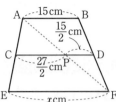

2 (1) AB∥CD だから，

　　AE：ED＝AB：CD＝24：12＝2：1

(2) BE：CE＝AE：ED＝2：1 だから，

　　BC：BE＝(2+1)：2＝3：2

(3) EF∥CD だから，CD：EF＝BC：BE＝3：2

　　これより，12：EF＝3：2　EF＝8

3 DG＝a とおくと，△AEF で，中点連結定理より，

EF＝2DG＝2a

△BCD で，中点連結定理より，CD＝2EF＝4a

よって，CG＝4a－a＝3a

CG＝9 だから，3a＝9　a＝3

4 (2) 平行四辺形 PQRS が正方形になるのは，

　　PQ＝RQ，PQ⊥RQ になるときだから，

　　AC＝BD，AC⊥BD となればよい。

5 (1) AG：GE

　　＝AD：BE＝5：3

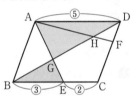

(2) BH：HD＝AB：DF

　　＝3：1

(1)より，

BG：GD＝3：5

よって，BD＝a とお

くと，BG＝$\dfrac{3}{8}a$，HD＝$\dfrac{1}{4}a$，

GH＝a－$\dfrac{3}{8}a$－$\dfrac{1}{4}a$＝$\dfrac{3}{8}a$ となる。

したがって，BG：GH：HD＝$\dfrac{3}{8}a$：$\dfrac{3}{8}a$：$\dfrac{1}{4}a$

＝3：3：2

6 DA と CE を延長

し，その交点を P

とする。

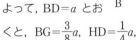

AD＝5a，BF＝2a，

FC＝3a とおくと，

AP：BC＝AE：EB＝1：2 より，AP＝2.5a

したがって，DG：GF＝PD：FC

＝(2.5a＋5a)：3a＝7.5a：3a＝5：2

14　相似の利用

Step 1　解答　　　　　　　　p.86 〜 p.87

1 (1) 16 cm² 　(2) 8 cm²

2 (1) 3：2 　(2) 30 cm²

3 (1) AD∥EC より，

錯角は等しいから，∠ACE＝∠CAD

同位角は等しいから，∠AEC＝∠BAD

仮定より，∠BAD＝∠CAD であるから，

∠ACE＝∠AEC

よって，△AEC は二等辺三角形だから，

AC＝AE

(2) AD∥EC より，AB：AE＝BD：CD

AE＝AC であるから，AB：AC＝BD：CD

4 (1) $\dfrac{40}{7}$ 　(2) 8

5 $\dfrac{11}{30}$ 倍

解き方

1 (1) BD：CD＝2：3 より，

△ABD：△ACD＝2：3

△ABD＝△ABC×$\dfrac{2}{5}$＝40×$\dfrac{2}{5}$＝16 (cm²)

(2) △ACD＝40－16＝24 (cm²)

AE：CE＝1：2 より，

△ADE：△CDE＝1：2

△ADE＝△ACD×$\dfrac{1}{3}$＝24×$\dfrac{1}{3}$＝8 (cm²)

2 (2) △DBE∽△ABC で，相似比は2：3であるから，

面積比は 2^2：3^2＝4：9 である。

△DBE の面積が 24 cm² のとき，△ABC の面積

は，24×$\dfrac{9}{4}$＝54 (cm²)

よって，台形 ADEC＝54－24＝30 (cm²)

4 (1) BD は∠ABC の二等分線だから，

AD：CD＝BA：BC＝6：8＝3：4

よって，CD＝AC×$\dfrac{4}{7}$＝10×$\dfrac{4}{7}$＝$\dfrac{40}{7}$

(2) AD：CD＝3：4 より，

△DBC＝△ABC×$\dfrac{4}{7}$＝24×$\dfrac{4}{7}$＝$\dfrac{96}{7}$

ここで，CF は∠DCB の二等分線だから，

DF：BF＝$\dfrac{40}{7}$：8＝5：7

よって，△FBC＝△DBC×$\dfrac{7}{12}$＝$\dfrac{96}{7}$×$\dfrac{7}{12}$＝8

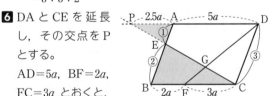

5 AE：BC＝2：3 より，
EF：BF＝AF：CF
＝2：3 であるから，
△AFE の面積を $4a$ と
すると，
△ABF＝$4a×\dfrac{3}{2}$＝$6a$，△FBC＝$6a×\dfrac{3}{2}$＝$9a$ となり，
△ABC＝$6a＋9a$＝$15a$，
平行四辺形 ABCD＝$15a×2$＝$30a$，
四角形 EFCD＝$15a－4a$＝$11a$ となる。
よって，四角形 EFCD の面積は，平行四辺形 ABCD
の面積の $\dfrac{11}{30}$ 倍

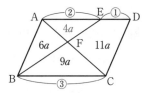

---

1 (1) 15 cm² 　(2) $\dfrac{1}{12}$ 倍 　(3) 31 cm² 　(4) 8：3

　(5) $\dfrac{15}{2}$ 倍

2 (1) 5：1 　(2) $\dfrac{1}{60}$ 倍

3 (1) 2：3 　(2) 1：3 　(3) 6 倍

4 26 cm³

解き方

1 (1) AD：BE＝4：1 だから，DF：BF＝4：1
　△ABF＝△ABD×$\dfrac{1}{5}$＝$\left(10×10×\dfrac{1}{2}\right)×\dfrac{1}{5}$
　＝10 (cm²)
　△ABG＝$100×\dfrac{1}{4}$＝25 (cm²)
　よって，△AFG＝$25－10$＝15 (cm²)

(2) △LMN の面積を a と
　おくと，
　LM：BC＝1：2 より，
　△LBN＝△MNC＝$2a$，
　△NBC＝$4a$ 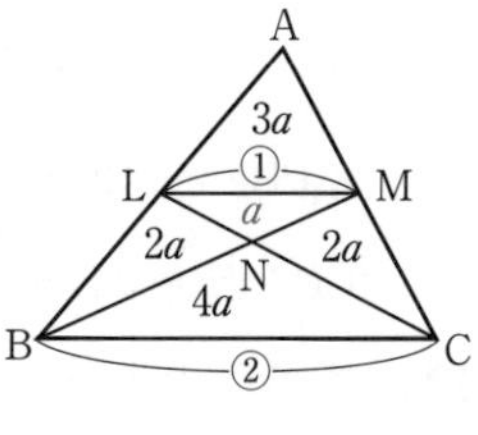
　また，AL＝BL より，
　△ALM＝△LBM＝$2a＋a$＝$3a$
　よって，△ABC＝$3a＋a＋2a＋2a＋4a$＝$12a$ より，
　△LMN の面積は △ABC の面積の $\dfrac{1}{12}$ 倍

(3) AP：BC＝2：5 だから，
　△AEP の面積を $4a$
　とおくと，それぞれ
　の図形の面積は右の
　図のようになる。 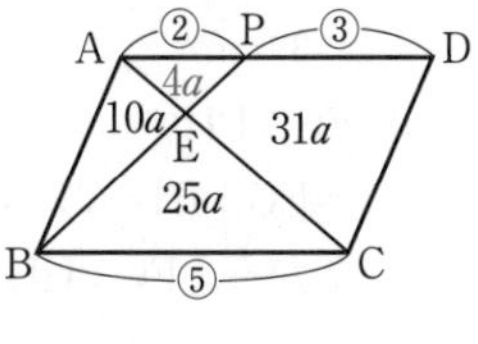
　平行四辺形 ABCD の面積は $(10a＋25a)×2$＝$70a$

となり，これが 70 cm² であるから，a＝1 cm²
よって，四角形 PECD＝$35a－4a$＝$31a$＝31 cm²

(4) AE：CD＝2：3 だから，
　△AEG の面積を $4a$
　とおくと，
　△AGD＝$6a$，
　△GCD＝$9a$， 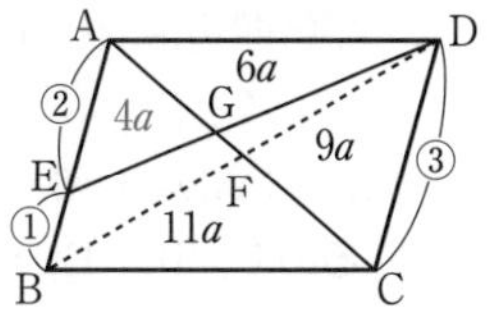
　平行四辺形 ABCD＝$(6a＋9a)×2$＝$30a$ となる。
　△AFD＝$30a×\dfrac{1}{4}$＝$\dfrac{15}{2}a$ だから，
　△DFG＝$\dfrac{15}{2}a－6a$＝$\dfrac{3}{2}a$
　よって，△AEG：△DFG＝$4a：\dfrac{3}{2}a$＝8：3

(5) BE：ED＝5：3
　より，
　△ABE＝$25S$，
　△DEF＝$9S$
　とすると， 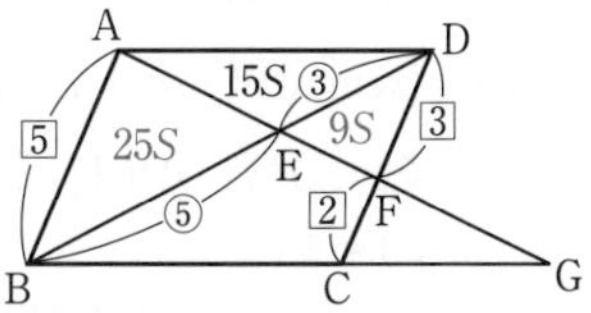
　△AED＝$15S$ となり，平行四辺形 ABCD の面
　積は $(15S＋25S)×2$＝$80S$ となる。
　一方，△FCG∽△FDA で，相似比は CF：DF
　＝2：3 であるから，面積比は $2^2：3^2$＝4：9
　よって，△FCG＝$(15S＋9S)×\dfrac{4}{9}$＝$\dfrac{32}{3}S$ だから，
　平行四辺形 ABCD の面積は △FCG の面積の
　$80S÷\dfrac{32}{3}S$＝$\dfrac{15}{2}$ (倍)

2 (1) AE は ∠BAC の二等分線だから，
　BE：CE＝AB：AC＝3：2
　BC＝$10a$ とおくと，M は BC の中点だから，
　BM＝$5a$
　BE：CE＝3：2 より，BE＝$6a$
　よって，BM：ME＝$5a：(6a－5a)$＝5：1

(2) △DME∽△ABE で，相似比は EM：EB＝1：6
　であるから，面積比は $1^2：6^2$＝1：36
　△DME の面積を S とすると，△ABE＝$36S$，
　BE：CE＝3：2 より，
　△ABC＝△ABE×$\dfrac{5}{3}$＝$36S×\dfrac{5}{3}$＝$60S$
　よって，△DME の面積は，
　△ABC の面積の $\dfrac{1}{60}$ 倍

3 (1) AD＝$2a$，BC＝$3a$ とおくと，中点連結定理より，
　EG＝$\dfrac{1}{2}$AD＝a，GF＝$\dfrac{1}{2}$BC＝$\dfrac{3}{2}a$
　よって，EG：GF＝$a：\dfrac{3}{2}a$＝2：3

(2) $EG=2a$, $GF=a$ とおく。右の図のように平行四辺形 HBCD をつくると、
HA : AD=1 : 2 になるので、IE : EG=1 : 2
よって、IE=a
AE : EB=DG : GB=FG : IG=a : $3a$=1 : 3

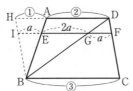

(3) △BEG と △DFG について、
底辺の比は EG : FG=2 : 1
高さの比は FB : EA と等しいので、3 : 1
よって、面積の比は、$(2\times3) : (1\times1)$=6 : 1

4 △OED∽△OBA より、OD : OA=DE : AB
OD=$x$cm とすると、$x : (x+3)=2 : 6$ $x=\dfrac{3}{2}$
ここで、三角錐 ODEF : 三角錐 OABC
$=1^3 : 3^3=1 : 27$
よって、求める立体の体積は、
三角錐 $OABC\times\dfrac{26}{27}=\left\{6\times6\times\dfrac{1}{2}\times\left(3+\dfrac{3}{2}\right)\times\dfrac{1}{3}\right\}\times\dfrac{26}{27}$
$=26\ (cm^3)$

Step 3　解答　　　　　　p.90〜p.91

1 (1) $\dfrac{243}{35}$　(2) $\dfrac{3}{14}$ 倍

2 △CDE と △CAB において、DE∥AB より、同位角が等しいので、
∠CDE=∠CAB, ∠CED=∠CBA
2組の角がそれぞれ等しいから、
△CDE∽△CAB
よって、CD : CA=CE : CB
また、CD=CP, CE=CQ だから、
CP : CA=CQ : CB
外項どうしを入れかえて、
CB : CA=CQ : CP ……①
△QBC と △PAC において、
∠DCE=∠PCQ であるから、
∠QCB=∠DCE−∠ACQ
　　　=∠PCQ−∠ACQ=∠PCA ……②
①, ②より, 2組の辺の比とその間の角がそれぞれ等しいから、△QBC∽△PAC

3 (1) 20　(2) 10 : 3

4 (1) 3 cm　(2) $\dfrac{3}{8}$　(3) $\dfrac{9}{44}$

5 (1) 5 m　(2) 8 m²　(3) $\dfrac{22}{3}$ m³

解き方

1 (1) △EBC から △FBG をひいて求める。
AE : EC=2 : 3 より, $△EBC=△ABC\times\dfrac{3}{5}$
$=6\times6\times\dfrac{1}{2}\times\dfrac{3}{5}=\dfrac{54}{5}$
AF : FG=4 : 3 より, $△FBG=△ABG\times\dfrac{3}{7}$
$=3\times6\times\dfrac{1}{2}\times\dfrac{3}{7}=\dfrac{27}{7}$
よって、四角形 $CEFG=\dfrac{54}{5}-\dfrac{27}{7}=\dfrac{243}{35}$

(2) 右の図のように、点 D を通り、BE に平行な直線をひき、AC との交点を G とする。

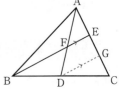

EG : GC=BD : DC
=1 : 1 より、
AE : EG : GC=2 : 1.5 : 1.5=4 : 3 : 3
よって、AF : FD=AE : EG=4 : 3 だから、
$△BDF=△ABC\times\dfrac{1}{2}\times\dfrac{3}{7}=△ABC\times\dfrac{3}{14}$
よって、△BDF は △ABC の $\dfrac{3}{14}$ 倍

2 比例式 $a : b=c : d$ が成り立つとき、
内項どうしを入れかえた比例式　$a : c=b : d$
外項どうしを入れかえた比例式　$d : b=c : a$
も成り立つ。

3 (1) △PBA : △PBC=AE : CE=1 : 2 だから、
$△BPA=△BPC\times\dfrac{1}{2}=40\times\dfrac{1}{2}=20$

(2) AF : FB=2 : 3 より、
$△PBF=△BPA\times\dfrac{3}{5}=12$
CP : PF=△BPC : △PBF=40 : 12=10 : 3

4 (1) 右の図のように、ひし形 AIHD をつくると、
EG=11−4×2
=3 (cm)

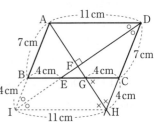

(2) FG : FH
=EG : IH=3 : 11
だから、FG : GH=3 : (11−3)=3 : 8
よって、$\dfrac{FG}{GH}=\dfrac{3}{8}$

(3) △AHD の面積を
a とすると,
$△APD=\dfrac{3}{11}a$ で,

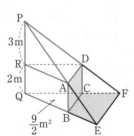

AQ : PQ
$=$DA : DP
$=11 : 3$ だから,

$△DAQ=\dfrac{3}{11}a×\dfrac{11}{14}=\dfrac{3}{14}a$

$△DPQ=\dfrac{3}{11}a×\dfrac{3}{14}=\dfrac{9}{154}a\ (=T)$

また, $△AFQ=△AFD-△DAQ$

$=\dfrac{1}{2}a-\dfrac{3}{14}a=\dfrac{2}{7}a\ (=S)$

よって, $\dfrac{T}{S}=\dfrac{9}{154}a÷\dfrac{2}{7}a=\dfrac{9}{44}$

5 (1) PQ : AB$=$EP : EA$=\left(3+\dfrac{9}{2}\right):3=5:2$

AB$=2$ m より, PQ$=5$ m

(2) $△QBC∽△QEF$ で, 相似比は $3:5$ だから, 面積比は $3^2:5^2=9:25$

$△QEF$ の面積が $\dfrac{25}{2}$ m^2 だから, $△QBC$ の面積は $\dfrac{9}{2}$ m^2 であり, 四角形 BEFC の面積は,

$\dfrac{25}{2}-\dfrac{9}{2}=8$ (m^2)

(3) 三角錐 P-QEF のうち, 立体 ABCDEF 以外の部分は, 右の図のように, 三角柱 RAD-QBC と三角錐 P-RAD とに分けることができる。

これより, 求める部分の体積は,

$\dfrac{25}{2}×5×\dfrac{1}{3}-\left(\dfrac{9}{2}×2+\dfrac{9}{2}×3×\dfrac{1}{3}\right)$

$=\dfrac{125}{6}-\dfrac{27}{2}=\dfrac{22}{3}$ (m^3)

第**6**章 三平方の定理

15 三平方の定理

Step 1 解答　　　　　　　　　　p.92〜p.93

1 (1) $a^2+2ab+b^2$　(2) c^2+2ab

(3) $c^2+2ab=a^2+2ab+b^2$ の両辺から $2ab$ をひいて, $c^2=a^2+b^2$

2 正方形 ABCD は, 直角をはさむ 2 辺の長さが

---

a, b である直角三角形 4 個と, 1 辺の長さが $b-a$ である正方形 1 個に分けられるから, その面積について,

$c^2=\dfrac{1}{2}ab×4+(b-a)^2$

$=2ab+b^2-2ab+a^2=a^2+b^2$

つまり, $c^2=a^2+b^2$ が成り立つ。

3 (1) $c=5$　(2) $a=12$　(3) $b=\sqrt{85}$

4 (1) $x=5\sqrt{3}$　(2) $x=4$

5 イ, ウ

6 (1) AB$=\sqrt{65}$ cm, BC$=\sqrt{13}$ cm, CA$=2\sqrt{13}$ cm

(2) ∠C$=90°$ の直角三角形である。

解き方

1 (1) 1 辺が $a+b$ の正方形だから, 面積は,

$(a+b)^2=a^2+2ab+b^2$

(2) 正方形 ABCD は, 直角をはさむ 2 辺の長さが a, b である直角三角形 4 個と, 1 辺の長さが c である正方形 1 個に分けられるから, 面積は,

$\dfrac{1}{2}ab×4+c^2=c^2+2ab$

3 (1) $c=\sqrt{4^2+3^2}=\sqrt{25}=5$

(2) $a=\sqrt{13^2-5^2}=\sqrt{144}=12$

(3) $b=\sqrt{11^2-6^2}=\sqrt{85}$

4 (1) $x=\sqrt{10^2-5^2}=\sqrt{5^2(2^2-1^2)}=5\sqrt{3}$

(2) $x=\sqrt{(\sqrt{10})^2+(\sqrt{6})^2}=\sqrt{16}=4$

5 3 辺の長さ a, b, c の間に, $a^2+b^2=c^2$ の関係が成り立つかどうかを調べればよい。最も長い辺を c とする。

ア　$(\sqrt{5})^2+3^2=4^2$ ……成り立たない

イ　$8^2+15^2=17^2$ ……成り立つ

ウ　$1.8^2+2.4^2=3^2$ ……成り立つ

エ　$(\sqrt{2})^2+(\sqrt{5})^2=(\sqrt{6})^2$ ……成り立たない

6 (1) AB$=\sqrt{4^2+7^2}=\sqrt{65}$ (cm)

BC$=\sqrt{2^2+3^2}=\sqrt{13}$ (cm)

CA$=\sqrt{4^2+6^2}=\sqrt{2^2(2^2+3^2)}=2\sqrt{13}$ (cm)

(2) AB$^2=65$, BC$^2+$CA$^2=13+52=65$ だから,

AB$^2=$BC$^2+$CA^2 が成り立つ。

したがって, △ABC は ∠C$=90°$ の直角三角形である。

Step 2 解答　　　　　　　　　　p.94〜p.95

1 (1) $x=10$　(2) $x=5$　(3) $x=4\sqrt{13}$

(4) $x=5\sqrt{5}$　(5) $x=2\sqrt{5}$　(6) $x=3$

2 (1) $x=8$ (2) $\sqrt{31}$ cm (3) 4

3 (1) $4\sqrt{2}$ (2) $4\sqrt{3}$

4 (1) $2\sqrt{5}$ (2) $\dfrac{8\sqrt{5}}{5}$ (3) $\dfrac{44}{5}$

5 (1) 5 (2) $\dfrac{7}{4}$ (3) $\dfrac{108}{25}$

解き方

1 (1) $x=\sqrt{6^2+8^2}=\sqrt{100}=10$

(2) $x=\sqrt{13^2-12^2}=\sqrt{25}=5$

(3) $x=\sqrt{12^2+8^2}=\sqrt{4^2(3^2+2^2)}=4\sqrt{13}$

(4) $x=\sqrt{5^2+10^2}=\sqrt{5^2(1^2+2^2)}=5\sqrt{5}$

(5) $x=\sqrt{6^2-4^2}=\sqrt{20}=2\sqrt{5}$

(6) $x=\sqrt{(3\sqrt{3})^2-(3\sqrt{2})^2}=\sqrt{9}=3$

2 (1) $x<x+7<x+9$ だから,斜辺の長さは $x+9$

よって,$x^2+(x+7)^2=(x+9)^2$ が成り立つ。

これを整理すると,$x^2-4x-32=0$

$(x-8)(x+4)=0$ $x>0$ だから,$x=8$

(2) △ABD で,三平方の定理より,

AB$=\sqrt{4^2-1^2}=\sqrt{15}$ (cm)

△ABC で,三平方の定理より,

AC$=\sqrt{(\sqrt{15})^2+4^2}=\sqrt{31}$ (cm)

(3) △ADE で,三平方の定理より,

AE$=\sqrt{(\sqrt{5})^2+(\sqrt{3})^2}=\sqrt{8}=2\sqrt{2}$

△ABC∽△AED だから,AB : AE=BC : ED

よって,AB : $2\sqrt{2}=\sqrt{6}:\sqrt{3}$

AB$=2\sqrt{2}\times\sqrt{6}\div\sqrt{3}=4$

3 (1) AC$=\sqrt{6^2-2^2}=\sqrt{32}=4\sqrt{2}$

(2) BD と AC の交点を O とすると,平行四辺形の対角線はそれぞれの中点で交わるから,

AO=CO

よって,AO=CO$=4\sqrt{2}\div2=2\sqrt{2}$

△ABO で三平方の定理より,

BO$=\sqrt{2^2+(2\sqrt{2})^2}=\sqrt{12}=2\sqrt{3}$

BO=DO だから,BD$=2$BO$=4\sqrt{3}$

4 (1) BF$=\sqrt{2^2+4^2}=\sqrt{2^2(1^2+2^2)}=2\sqrt{5}$

(2) △ABE∽△BFC より,AB : BF=AE : BC

よって,$4:2\sqrt{5}=$AE$:4$ AE$=\dfrac{16}{2\sqrt{5}}=\dfrac{8\sqrt{5}}{5}$

【別解】

△ABF の面積$=$BF$\times$AE$\times\dfrac{1}{2}$ より,

△ABF$=4\times4-4\times2\times\dfrac{1}{2}\times2=8$

$8=2\sqrt{5}\times$AE$\times\dfrac{1}{2}$ AE$=\dfrac{16}{2\sqrt{5}}=\dfrac{8\sqrt{5}}{5}$

(3) △ABE と △BFC の相似比は,$4:2\sqrt{5}$ だから,

面積比は $4^2:(2\sqrt{5})^2=16:20=4:5$

△BFC の面積は 4 だから,△ABE の面積は,

$4\times\dfrac{4}{5}=\dfrac{16}{5}$

よって,四角形 AEFD の面積は,

$4\times4-\left(4+\dfrac{16}{5}\right)=\dfrac{44}{5}$

5 (1) AB$=\sqrt{3^2+4^2}=\sqrt{25}=5$

(2) △ABC∽△DEC より,AC : DC=BC : EC

$4:3=3:$EC   EC$=\dfrac{9}{4}$

よって,AE=AC$-$EC$=4-\dfrac{9}{4}=\dfrac{7}{4}$

(3) △ABC∽△DBF で,相似比は AB : DB=5 : 6 だから,面積比は $5^2:6^2=25:36$

△ABC の面積は 6 だから,△DBF$=6\times\dfrac{36}{25}=\dfrac{216}{25}$

よって,△BCF$=$△DBF$\times\dfrac{1}{2}=\dfrac{108}{25}$

16 三平方の定理と平面図形

| Step 1 | 解答 | p.96 ～ p.97 |

1 (1) $x=3$, $y=3\sqrt{2}$ (2) $x=10$, $y=5\sqrt{3}$

2 AB$=4\sqrt{3}$ cm, AC$=2\sqrt{3}$ cm, CD$=3\sqrt{2}$ cm

3 (1) 5 cm (2) $2\sqrt{6}$ cm²

4 (1) $2\sqrt{33}$ cm (2) $4\sqrt{5}$ cm

5 (1) 5 cm (2) $\sqrt{29}$ cm (3) $\sqrt{37}$ cm

解き方

1 (1) AC=BC より,$x=3$

AB : BC$=\sqrt{2}:1$ より,$y=3\times\sqrt{2}=3\sqrt{2}$

(2) AB : AC$=2:1$ より,$x=5\times2=10$

BC : AC$=\sqrt{3}:1$ より,$y=5\times\sqrt{3}=5\sqrt{3}$

2 BC : AC$=\sqrt{3}:1$ より,AC$=6\div\sqrt{3}=2\sqrt{3}$ (cm)

AB : AC$=2:1$ より,AB$=2\sqrt{3}\times2=4\sqrt{3}$ (cm)

また,BC : CD$=\sqrt{2}:1$ より,

CD$=6\div\sqrt{2}=3\sqrt{2}$ (cm)

3 (1) △ABC で,三平方の定理より,

AC$=\sqrt{3^2+4^2}=\sqrt{25}=5$ (cm)

(2) A から BC に垂線 AD をひくと,D は BC の中点になるから,

BD=CD=1 cm

△ABD で,三平方の定理より,

AD$=\sqrt{5^2-1^2}=\sqrt{24}=2\sqrt{6}$ (cm)

であるから,△ABC の面積は,

$2\times2\sqrt{6}\times\dfrac{1}{2}=2\sqrt{6}$ (cm²)

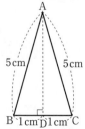

40

ここに注意

二等辺三角形の頂点から底辺にひいた垂線は，底辺を２等分する。

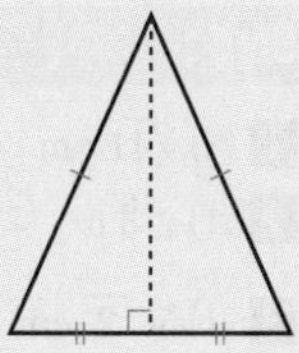

4 (1) 円の半径は $11-4=7$ (cm) だから，OとBを結ぶと，△OBHで，三平方の定理より，
$BH=\sqrt{7^2-4^2}=\sqrt{33}$ (cm)
Hは弦ABの中点だから，
$AB=2BH=2\sqrt{33}$ (cm)

ここに注意

円の中心から弦にひいた垂線は，弦を２等分する。

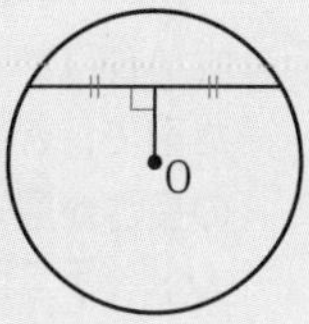

(2) $PT=\sqrt{12^2-8^2}=\sqrt{4^2(3^2-2^2)}=4\sqrt{5}$ (cm)

5 (1) $AB=\sqrt{(5-1)^2+(5-2)^2}=5$ (cm)
(2) $CD=\sqrt{(6-4)^2+\{4-(-1)\}^2}=\sqrt{29}$ (cm)
(3) $EF=\sqrt{(3-2)^2+(-3-3)^2}=\sqrt{37}$ (cm)

Step 2 解答 p.98～p.99

1 (1) $x=3\sqrt{2}$，$y=\sqrt{6}$ (2) $x=2\sqrt{6}$，$y=2\sqrt{3}-2$
(3) $x=6\sqrt{2}$，$y=2$
2 (1) $16\sqrt{3}$ cm² (2) 60 cm² (3) 18 cm²
3 (1) $3\sqrt{3}$ cm (2) $12\sqrt{3}$ cm² (3) $2\sqrt{13}$ cm
4 1 cm
5 (1) 4 cm (2) $\frac{9}{4}$ cm (3) $2\sqrt{10}$ cm
6 (1) 9 (2) $15\sqrt{7}$
7 (1) $y=-\frac{5}{12}x+\frac{13}{2}$ (2) $13+5\sqrt{13}$
(3) 39 (4) 6

解き方

1 (1) $AB:BD=\sqrt{2}:1$ より，$x=6\div\sqrt{2}=3\sqrt{2}$
$AD:DC=\sqrt{3}:1$ より，$y=3\sqrt{2}\div\sqrt{3}=\sqrt{6}$
(2) $BC:CD=\sqrt{3}:1$ より，$BC=2\times\sqrt{3}=2\sqrt{3}$
$AB:BC=\sqrt{2}:1$ より，$x=2\sqrt{3}\times\sqrt{2}=2\sqrt{6}$
$AC=BC=2\sqrt{3}$ だから，$y=2\sqrt{3}-2$
(3) $BD:AD=\sqrt{2}:1$ より，$x=6\times\sqrt{2}=6\sqrt{2}$
$AB=6$ だから，$AC=\sqrt{10^2-6^2}=\sqrt{64}=8$
よって，$y=8-6=2$

2 (1) AからBCに垂線AHをひくと，BH=4 cm，
$AH=4\sqrt{3}$ cm だから，
面積は，$8\times4\sqrt{3}\times\frac{1}{2}$
$=16\sqrt{3}$ (cm²)

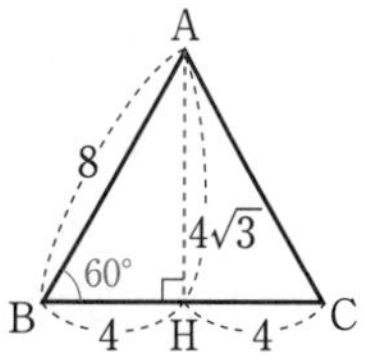

ここに注意

1辺の長さがaの正三角形の面積は，$\frac{\sqrt{3}}{4}a^2$ となる。

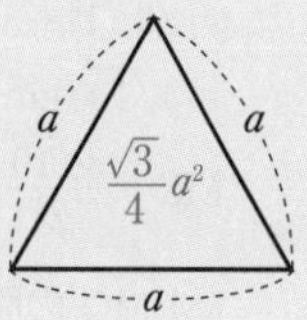

(2) BからACに垂線BHをひくと，CH=5 cm だから，$BH=\sqrt{13^2-5^2}=\sqrt{144}=12$ (cm)
よって，面積は，$10\times12\times\frac{1}{2}=60$ (cm²)
(3) AからBCに垂線AHをひくと，AD=HC より，
$BH=BC-HC=6-3=3$ (cm) だから，
$AH=\sqrt{5^2-3^2}=\sqrt{16}=4$ (cm)
よって，面積は，$(3+6)\times4\times\frac{1}{2}=18$ (cm²)

3 (1) $AC:CD=2:\sqrt{3}$ だから，
$CD=6\times\frac{\sqrt{3}}{2}=3\sqrt{3}$ (cm)
(2) $8\times3\sqrt{3}\times\frac{1}{2}=12\sqrt{3}$ (cm²)
(3) $AD=6\times\frac{1}{2}=3$ (cm) だから，$BD=8-3=5$ (cm)
△BCDで，三平方の定理より，
$BC=\sqrt{5^2+(3\sqrt{3})^2}=\sqrt{52}=2\sqrt{13}$ (cm)

4 右の図のように，線分PQを斜辺とする直角三角形PQRをつくる。円Qの半径をx cmとすると，
$PQ=(4+x)$ cm，
$PR=(4-x)$ cm，
$QR=(5-x)$ cm と表すことができるので，三平方の定理より，
$(4-x)^2+(5-x)^2=(4+x)^2$ が成り立つ。
整理すると，$x^2-26x+25=0$ $(x-1)(x-25)=0$
$0<x<4$ だから，$x=1$

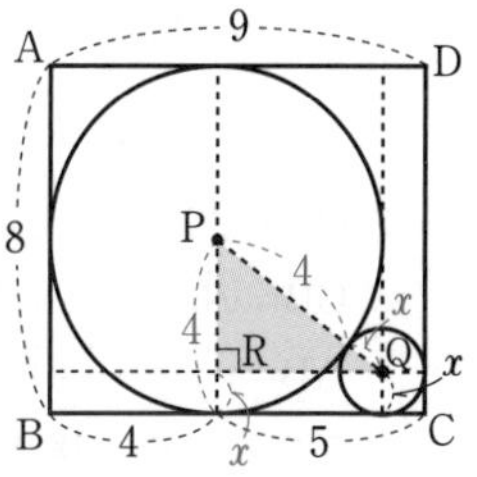

5 (1) BQ=x cm とすると，$QM=QC=(9-x)$ cm となるから，△MBQで，三平方の定理より，
$3^2+x^2=(9-x)^2$ が成り立つ。
$9+x^2=81-18x+x^2$ $18x=72$ $x=4$

(2) △MBQ∽△FAM より，BM：AF＝BQ：AM

　　3：AF＝4：3　AF＝$\frac{9}{4}$（cm）

(3) CM を結び，PQ との
交点を R とすると，
PQ は線分 CM を垂直
に 2 等分する。
ここで，CM＝$\sqrt{3^2+9^2}$
＝$\sqrt{3^2(1^2+3^2)}$
＝$3\sqrt{10}$（cm）だから，

MR＝$\frac{3\sqrt{10}}{2}$ cm

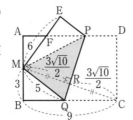

△PMQ の面積が，$5\times6\times\frac{1}{2}=15$（cm^2）であるこ

とから，PQ$\times\frac{3\sqrt{10}}{2}\times\frac{1}{2}=15$

これより，PQ＝$2\sqrt{10}$（cm）

6 (1) BH＝x とおくと，CH＝$10-x$
△ABH で，三平方の定理より，AH^2＝12^2-x^2
△ACH で，三平方の定理より，
AH^2＝$8^2-(10-x)^2$
よって，$12^2-x^2=8^2-(10-x)^2$ が成り立つ。
$144-x^2=64-100+20x-x^2$　$180=20x$　$x=9$

(2) BH＝9 より，AH＝$\sqrt{12^2-9^2}=\sqrt{63}=3\sqrt{7}$
△ABC の面積は，$10\times3\sqrt{7}\times\frac{1}{2}=15\sqrt{7}$

7 (1) 直線 AB の式を $y=ax+b$ とおくと，A(6，4)，
B(−6，9) を通ることから，
$4=6a+b$ ……①，$9=-6a+b$ ……② が成り立つ。

①＋② より，$13=2b$　$b=\frac{13}{2}$

①−② より，$-5=12a$　$a=-\frac{5}{12}$

よって，直線 AB の式は，$y=-\frac{5}{12}x+\frac{13}{2}$

(2) OA＝$\sqrt{6^2+4^2}=2\sqrt{13}$，
OB＝$\sqrt{6^2+9^2}=3\sqrt{13}$，
AB＝$\sqrt{\{6-(-6)\}^2+(4-9)^2}=\sqrt{12^2+5^2}=13$
だから，周の長さは，
$13+2\sqrt{13}+3\sqrt{13}=13+5\sqrt{13}$

(3) 直線 AB と y 軸との交点を C とすると，
△OAB＝△OAC＋△OBC

$=\frac{13}{2}\times6\times\frac{1}{2}+\frac{13}{2}\times6\times\frac{1}{2}=39$

(4) △OAB の面積から，AB$\times$OH$\times\frac{1}{2}=39$ より，

$13\times$OH$\times\frac{1}{2}=39$

よって，OH＝6

17　三平方の定理と空間図形

1 (1) $\sqrt{41}$ cm　(2) $5\sqrt{2}$ cm　(3) $\sqrt{74}$ cm

2 (1) $\sqrt{3}\,a$　(2) $5\sqrt{3}$ cm

3 (1) $5\sqrt{2}$ cm　(2) $\frac{500\sqrt{2}}{3}$ cm^3

　　(3) $(100+100\sqrt{3}\,)$ cm^2

4 (1) $6\sqrt{2}$ cm　(2) $18\sqrt{2}\,\pi$ cm^3　(3) 36π cm^2

解き方

1 (1) EG＝$\sqrt{4^2+5^2}=\sqrt{41}$（cm）

(2) △AEG で，三平方の定理より，AG＝$\sqrt{AE^2+EG^2}$
＝$\sqrt{3^2+(\sqrt{41})^2}=\sqrt{50}=5\sqrt{2}$（cm）

(3) 面 ABCD，BFGC を展開し
た図で，A と G を結ぶ線分
の長さが最短の長さになる。
AG＝$\sqrt{7^2+5^2}=\sqrt{74}$（cm）

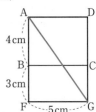

⚠ ここに注意

立体の表面を通る最短経路は，展開図において
直線になる。

2 (1) AG＝$\sqrt{AE^2+EG^2}=\sqrt{AE^2+EF^2+FG^2}$
＝$\sqrt{a^2+a^2+a^2}=\sqrt{3a^2}=\sqrt{3}\,a$

(2)(1)より，$\sqrt{3}\times5=5\sqrt{3}$（cm）

3 (1) AB：AC＝1：$\sqrt{2}$ より，AC＝$10\sqrt{2}$（cm）
H は正方形 ABCD の対角線の交点だから，

AH＝$10\sqrt{2}\times\frac{1}{2}=5\sqrt{2}$（cm）

直角三角形 OAH で，三平方の定理より，
OH＝$\sqrt{10^2-(5\sqrt{2})^2}=\sqrt{50}=5\sqrt{2}$（cm）

(2) $10\times10\times5\sqrt{2}\times\frac{1}{3}=\frac{500\sqrt{2}}{3}$（cm^3）

(3) 底面積は $10\times10=100$（cm^2），側面の正三角形 1

つの面積は，$\frac{\sqrt{3}}{4}\times10^2=25\sqrt{3}$（cm^2）だから，

表面積は，$100+25\sqrt{3}\times4=100+100\sqrt{3}$（cm^2）

4 (1) △OAH で，三平方の定理より，
OH＝$\sqrt{9^2-3^2}=\sqrt{72}=6\sqrt{2}$（cm）

(2) $3\times3\times\pi\times6\sqrt{2}\times\frac{1}{3}=18\sqrt{2}\,\pi$（cm^3）

(3) 側面のおうぎ形の面積は，$9\times3\times\pi=27\pi$（cm^2），
底面の円の面積は，$3\times3\times\pi=9\pi$（cm^2）だから，
表面積は，$27\pi+9\pi=36\pi$（cm^2）

Step 2 解答	p.102 〜 p.103

1 (1) $9\ \text{cm}^3$　(2) $\dfrac{9\sqrt{3}}{2}\ \text{cm}^2$　(3) $2\sqrt{3}\ \text{cm}$

2 (1) $72\ \text{cm}^2$　(2) $2:3$

3 (1) $450\ \text{cm}^3$　(2) $15\ \text{cm}$　(3) $\dfrac{36}{5}\ \text{cm}$

4 (1) $3\ \text{cm}$　(2) $(9-3\sqrt{3})\ \text{cm}^2$

5 (1) $\sqrt{13}\ \text{cm}$　(2) $\dfrac{3\sqrt{3}}{2}\ \text{cm}^2$　(3) $2\sqrt{2}\ \text{cm}^3$

6 (1) 体積… $\dfrac{16\sqrt{2}}{3}\pi\ \text{cm}^3$，　表面積… $16\pi\ \text{cm}^2$

　　(2) $6\sqrt{3}\ \text{cm}$

解き方

1 (1) 三角錐 BAFC の体積は，△ABC を底面，BF を高さと考えると，$3\times3\times\dfrac{1}{2}\times3\times\dfrac{1}{3}=\dfrac{9}{2}\ (\text{cm}^3)$ で，三角錐 EAFH，三角錐 DAHC，三角錐 GCFH の体積もこれと同じである。立方体からこれら 4 つの三角錐をひくことにより三角錐 ACFH の体積を求めることができ，

$$3\times3\times3-\dfrac{9}{2}\times4=9\ (\text{cm}^3)$$

(2) △CFH は 1 辺が $3\sqrt{2}\ \text{cm}$ の正三角形だから，その面積は，$\dfrac{\sqrt{3}}{4}\times(3\sqrt{2})^2=\dfrac{9\sqrt{3}}{2}\ (\text{cm}^2)$

(3) △CFH$\times$AP$\times\dfrac{1}{3}=$三角錐 ACFH の体積$=9$

より，AP$=9\times3\div\dfrac{9\sqrt{3}}{2}=2\sqrt{3}\ (\text{cm})$

2 (1) 四角形 BMND は右の図のような等脚台形である。

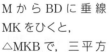

M から BD に垂線 MK をひくと，△MKB で，三平方の定理より，

$$MK=\sqrt{(4\sqrt{5})^2-(2\sqrt{2})^2}=6\sqrt{2}\ (\text{cm})$$ だから，

面積は，$(8\sqrt{2}+4\sqrt{2})\times6\sqrt{2}\times\dfrac{1}{2}=72\ (\text{cm}^2)$

(2) A，E，G，C を頂点とする長方形をとり出して考える。AC と BD の交点を X，EG と MN の交点を Y とすると，P は CE と XY の交点である。

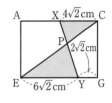

$CX=8\div\sqrt{2}=4\sqrt{2}\ (\text{cm})$，
$YG=4\div\sqrt{2}=2\sqrt{2}\ (\text{cm})$，
$EG=8\times\sqrt{2}=8\sqrt{2}\ (\text{cm})$
AC∥EG だから，
$CP:PE=CX:EY$
$=4\sqrt{2}:(8\sqrt{2}-2\sqrt{2})$
$=4\sqrt{2}:6\sqrt{2}=2:3$

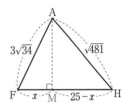

3 (1) $15\times20\times\dfrac{1}{2}\times9\times\dfrac{1}{3}=450\ (\text{cm}^3)$

(2) △AFH において，
$AF=\sqrt{9^2+15^2}=3\sqrt{34}\ (\text{cm})$，
$FH=\sqrt{20^2+15^2}=25\ (\text{cm})$，
$AH=\sqrt{20^2+9^2}=\sqrt{481}\ (\text{cm})$ だから，FM$=x\ \text{cm}$ とおくと，

△AFM について，$AM^2=(3\sqrt{34})^2-x^2$
△AHM について，
$AM^2=(\sqrt{481})^2-(25-x)^2$ より，AM^2 について，
$(3\sqrt{34})^2-x^2=(\sqrt{481})^2-(25-x)^2$
が成り立つ。これより，
$306-x^2=481-625+50x-x^2$　$450=50x$　$x=9$
よって，$AM=\sqrt{(3\sqrt{34})^2-9^2}=15\ (\text{cm})$

(3) △AFH$=25\times15\times\dfrac{1}{2}=\dfrac{375}{2}\ (\text{cm}^2)$

三角錐 AEFH の体積は △AFH$\times$EN$\times\dfrac{1}{3}$ で表されるから，

(1)より，$EN=450\times3\div\dfrac{375}{2}=\dfrac{36}{5}\ (\text{cm})$

4 (1) 右の側面の展開図において，△OAF は直角三角形で，∠AOF$=60°$であるから，
$OA:OF=2:1$
$OA=6\ \text{cm}$ だから，
$OF=3\ \text{cm}$
よって，
$FC=OC-OF=6-3$

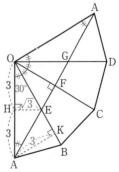

$=3$ (cm)

(2) E から OA に垂線 EH，A から OB に垂線 AK
をひくと，EH$=3\div\sqrt{3}=\sqrt{3}$ (cm)，
AK$=6\div2=3$ (cm) だから，
$\triangle$ABE$=\triangle$OAB$-\triangle$OAE
$=6\times3\times\dfrac{1}{2}-6\times\sqrt{3}\times\dfrac{1}{2}=9-3\sqrt{3}$ (cm²)

5 (1) M から OL に垂線 MH
をひく。直角三角形
OHM において，
OH：OM：MH
$=1：2：\sqrt{3}$ だから，
OM$=4$ cm より，
OH$=2$ cm，
MH$=2\sqrt{3}$ cm，
また，HL$=3-2=1$ (cm) とわかるから，
LM$=\sqrt{(2\sqrt{3})^2+1^2}=\sqrt{13}$ (cm)

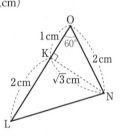

(2) N から OL に垂線 NK
をひく。直角三角形
OKN において，
OK：ON：NK
$=1：2：\sqrt{3}$ だから，
ON$=2$ cm より，
NK$=\sqrt{3}$ cm とわかる
から，$\triangle$OLN の面積は，$3\times\sqrt{3}\times\dfrac{1}{2}=\dfrac{3\sqrt{3}}{2}$ (cm²)

(3) まず，正四面体 O-ABC
の体積を求める。
この正四面体は，右の図
のように，1辺の長さが
$3\sqrt{2}$ の立方体の4つの
頂点から，それぞれ三角
錐を切り取って得られる
ので，
体積は，

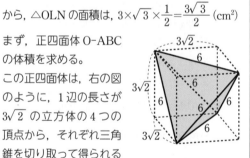

$(3\sqrt{2})^3-\left(3\sqrt{2}\times3\sqrt{2}\times\dfrac{1}{2}\times3\sqrt{2}\times\dfrac{1}{3}\right)\times4$
$=54\sqrt{2}-9\sqrt{2}\times4=18\sqrt{2}$ (cm³)
いま，$\triangle$OAC の面を底面において，正四面体
O-ABC と四面体 O-LMN を比較すると，底面
積の比は $\triangle$OAC：$\triangle$OLN$=9\sqrt{3}：\dfrac{3\sqrt{3}}{2}=6：1$
で，高さの比は OB：OM と等しく $3：2$ である
から，体積の比は $(6\times3)：(1\times2)=9：1$ である。
よって，四面体 O-LMN の体積は，

$18\sqrt{2}\times\dfrac{1}{9}=2\sqrt{2}$ (cm³)

☝ ここに注意

右の図で，三角錐
O-PQR の体積は，
三角錐 O-ABC の体
積の $\dfrac{p}{a}\times\dfrac{q}{b}\times\dfrac{r}{c}$ 倍
である。
(3)では，
$18\sqrt{2}\times\dfrac{3}{6}\times\dfrac{4}{6}\times\dfrac{2}{6}$
$=18\sqrt{2}\times\dfrac{1}{9}=2\sqrt{2}$ (cm³) と求めることができ
る。

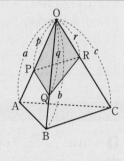

6 (1) PO$=\sqrt{6^2-2^2}=4\sqrt{2}$ (cm) だから，体積は，
$2\times2\times\pi\times4\sqrt{2}\times\dfrac{1}{3}=\dfrac{16\sqrt{2}}{3}\pi$ (cm³)
また，側面積は $6\times2\times\pi=12\pi$ (cm²)，底面積
は $2\times2\times\pi=4\pi$ (cm²) だから，表面積は，
$12\pi+4\pi=16\pi$ (cm²)

(2) 側面を展開したお
うぎ形の中心角は，
$360°\times\dfrac{2}{6}=120°$
だから，展開図は
右の図のようにな
り，PH$=3$ cm，AH$=$A'H$=3\sqrt{3}$ cm より，
最短経路は $6\sqrt{3}$ cm

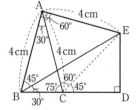

| **Step 3** 解答 | | p.104 〜 p.105 |

1 (1) $2\sqrt{2}$ cm　(2) $(2\sqrt{6}-2\sqrt{2})$ cm　(3) 4 cm²

2 (1) $2\sqrt{2}$ cm²　(2) $3\sqrt{3}$ cm

3 (1) $6\sqrt{3}$　(2) $\dfrac{6\sqrt{21}}{7}$　(3) $\dfrac{4\sqrt{3}}{3}$

4 (1) 15　(2) $\dfrac{10\sqrt{7}}{3}$　(3) 75

5 (1) $\sqrt{7}$ cm　(2) $\dfrac{\sqrt{14}}{2}$ cm　(3) $\dfrac{\sqrt{14}}{8}$ cm

解き方

1 (1) $\angle$BAE
$=30°+60°=90°$，
AB$=$AE$=4$ cm
より，
BE$=4\times\sqrt{2}$
$=4\sqrt{2}$ (cm)

また，∠ABC＝(180°−30°)÷2＝75° であり，

∠ABE＝45° だから，∠EBD＝30°

よって，BE：DE＝2：1 だから，DE＝$2\sqrt{2}$ (cm)

(2) AC＝AE，∠CAE＝60° より，△ACE は正三角形であるから，∠ACE＝60°

よって，∠ECD＝180°−(75°+60°)＝45° となり，

DC＝DE＝$2\sqrt{2}$ cm

DB＝DE×$\sqrt{3}$＝$2\sqrt{6}$ (cm) だから，

BC＝DB−DC＝$2\sqrt{6}$−$2\sqrt{2}$ (cm)

(3) △ABC＝△ABE＋△EBD−△ACE−△ECD

$=8+4\sqrt{3}-\dfrac{\sqrt{3}}{4}×4^2-4=4$ (cm²)

別解

点 C から AB に垂線 CH をひくと，∠CAH＝30°，

AB＝AC＝4 cm より CH＝2 cm

よって，△ABC＝$4×2×\dfrac{1}{2}=4$ (cm²)

2 (1) A から辺 BC に垂線 AH をひき，CH＝x cm，BH＝$(4-x)$ cm とする。

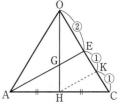

AH² を 2 通りの式で表すと，

AH²＝$(\sqrt{3})^2-x^2$

　　＝$(\sqrt{11})^2-(4-x)^2$

これより，$3-x^2=11-16+8x-x^2$　$8=8x$

$x=1$ とわかるので，

AH＝$\sqrt{(\sqrt{3})^2-1^2}=\sqrt{2}$ (cm)

よって，△ABC の面積は，$4×\sqrt{2}×\dfrac{1}{2}=2\sqrt{2}$ (cm²)

(2) ∠BCD＝90°−∠ACB＝∠HAC だから，△BCD と △HAC は相似な直角三角形である。

よって，BC：HA＝CD：AC より，

$4:\sqrt{2}=CD:\sqrt{3}$　CD＝$\dfrac{4\sqrt{3}}{\sqrt{2}}=2\sqrt{6}$ (cm)

したがって，△ADC で，三平方の定理より，

AD＝$\sqrt{(2\sqrt{6})^2+(\sqrt{3})^2}=\sqrt{27}=3\sqrt{3}$ (cm)

3 (1) 直角三角形 BAE において，∠BAE＝60° だから，AE：BE＝1：$\sqrt{3}$

よって，BE＝$3\sqrt{3}$ であるから，△ABC の面積は，

$4×3\sqrt{3}×\dfrac{1}{2}=6\sqrt{3}$

(2) 直角三角形 BEC において，

BC＝$\sqrt{(3\sqrt{3})^2+1^2}=\sqrt{28}=2\sqrt{7}$ であり，

△ABC＝$BC×AD×\dfrac{1}{2}$ より，

AD＝$2△ABC÷BC=2×6\sqrt{3}÷2\sqrt{7}=\dfrac{6\sqrt{21}}{7}$

(3) △AEF∽△ADC より，AE：AD＝EF：DC

DC＝$\sqrt{4^2-\left(\dfrac{6\sqrt{21}}{7}\right)^2}=\sqrt{\dfrac{4}{7}}=\dfrac{2\sqrt{7}}{7}$ だから，

$3:\dfrac{6\sqrt{21}}{7}=EF:\dfrac{2\sqrt{7}}{7}$　EF＝$\dfrac{\sqrt{3}}{3}$

BF＝BE−EF＝$3\sqrt{3}-\dfrac{\sqrt{3}}{3}=\dfrac{8\sqrt{3}}{3}$ より，

△ABF＝$\dfrac{8\sqrt{3}}{3}×3×\dfrac{1}{2}=4\sqrt{3}$ とわかるので，

FG＝$2△ABF÷AB=\dfrac{8\sqrt{3}}{6}=\dfrac{4\sqrt{3}}{3}$

4 (1) 正四角錐だから，H は正方形 ABCD の対角線の交点と一致する。

よって，AH＝$\dfrac{1}{2}$AC＝$5\sqrt{2}$，

OA＝$\sqrt{(5\sqrt{7})^2+(5\sqrt{2})^2}=15$

(2) G は 3 点 O，A，C を通る平面上にあって，OH と AE の交点である。

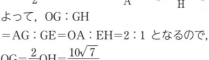

右の図のように，H から AE と平行な線分 HK をひくと，H は AC の中点だから，K は EC の中点になり，OE＝EC だから，

OE：EK＝2：1

よって，OG：GH も 2：1 となるので，

OG＝$\dfrac{2}{3}$OH＝$\dfrac{10\sqrt{7}}{3}$

別解

右の図のように，H と E を結ぶと，中点連結定理より，

EH∥OA，

EH＝$\dfrac{1}{2}$OA

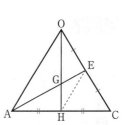

よって，OG：GH

＝AG：GE＝OA：EH＝2：1 となるので，

OG＝$\dfrac{2}{3}$OH＝$\dfrac{10\sqrt{7}}{3}$

(3) AB の中点を M とすると，GM²＝GH²＋HM² であるから，

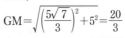
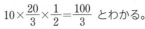

GM＝$\sqrt{\left(\dfrac{5\sqrt{7}}{3}\right)^2+5^2}=\dfrac{20}{3}$

よって，△GAB の面積は，

$10×\dfrac{20}{3}×\dfrac{1}{2}=\dfrac{100}{3}$ とわかる。

ここで，四角形 ABEF において，AB∥EF，

AB：EF＝AG：GE＝2：1，G は AE と BF の交点であるから，四角形 ABEF の面積は △GAB の面積の $\dfrac{1+2+2+4}{4}=\dfrac{9}{4}$（倍）になるので，

$\dfrac{100}{3}\times\dfrac{9}{4}=75$

5 (1) CA＝CB で，E は AB の中点だから，CE⊥AB
よって，CE＝$\sqrt{3^2-1^2}=2\sqrt{2}$（cm）であり，
同様に，DE＝$2\sqrt{2}$ cm
EC＝ED で，F は CD の中点だから，EF⊥CD
よって，EF＝$\sqrt{(2\sqrt{2})^2-1^2}=\sqrt{7}$（cm）

(2) △ABF の面積は，AB×EF×$\dfrac{1}{2}=\sqrt{7}$（cm²）であり，BF＝$2\sqrt{2}$ cm であるから，
△ABF＝BF×AH×$\dfrac{1}{2}$ より，
AH＝2△ABF÷BF＝$\dfrac{\sqrt{14}}{2}$（cm）

(3) 四面体 ABCD の体積は △BCD×AH×$\dfrac{1}{3}$
$=\left(2\times2\sqrt{2}\times\dfrac{1}{2}\right)\times\dfrac{\sqrt{14}}{2}\times\dfrac{1}{3}=\dfrac{2\sqrt{7}}{3}$（cm³）
内接する球の中心を O，半径を r cm とすると，四面体 ABCD は 4 つの三角錐 O-ABC，O-ACD，O-ABD，O-BCD に分けることができるから，
$\left(2\sqrt{2}\times r\times\dfrac{1}{3}\right)\times4=\dfrac{2\sqrt{7}}{3}$ が成り立つ。
これより，$r=\dfrac{\sqrt{14}}{8}$

第7章 円

18 円周角の定理

Step 1 解答　　　　　　　　p.106 ～ p.107

1 (1) 134°　(2) 56°

2 (1) 80°　(2) 19°

3 (1) 50°　(2) 40°　(3) 40°　(4) 65°

4 ア

5 (1) ∠x＝65°，∠y＝65°
　　(2) ∠x＝125°，∠y＝80°

解き方

1 (1) OA＝OB＝OC より，
　　∠y＝28°×2＝56°
　　∠z＝39°×2＝78°
　　よって，
　　∠x＝56°＋78°＝134°

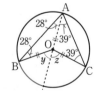

(2) ∠y＝32°×2＝64°
　　よって，∠x＋32°＝24°＋64°
　　∠x＝88°－32°＝56°

2 (1) ∠y＋∠z＝130° より，
　　∠AOC＝360°－130°×2
　　　　＝100°
　　よって，∠x＝180°－100°
　　　　＝80°

(2) ∠x＋43°＝37°＋25° より，∠x＝19°

3 (1) ∠x＝∠CAB×2＝∠OCA×2＝25°×2＝50°

(2) ∠BAD＝90°，∠ADB＝∠ACB＝50° だから，
　　∠x＝180°－（90°＋50°）＝40°

(3) AB＝AC より，∠BAC＝180°－70°×2＝40°
　　∠x＝∠BAC＝40°

(4) AC は円の直径だから，
　　∠ABC＝90°
　　AE∥BD より，∠y＝25°
　　よって，
　　∠x＝180°－（90°＋25°）＝65°

4 ア ∠BCA＝180°－（45°＋115°）＝20° だから，
　　∠ADB＝∠ACB
　　よって，4 点 A，B，C，D は同一円周上にある。

5 (1) ∠x＝∠y＝180°－115°＝65°

(2) ∠x＝125°，∠y＝180°－100°＝80°

> 🚨 **ここに注意**
> 円と角度の問題では，円周角の定理のほかに，半径がつくる二等辺三角形に着目する。

Step 2 解答　　　　　　　　p.108 ～ p.109

1 (1) 20°　(2) 75°　(3) 92°　(4) 75°　(5) 18°
　　(6) 102°　(7) 70°　(8) 29°　(9) 86°

2 $\dfrac{4}{3}\pi$ cm

3 (1) 72°　(2) 135°　(3) 50°

4 30°

5 (1) 67.5°　(2) 45°

解き方

1 (1) ∠AOD＝30°×2＝60°，
　　∠AOD＋∠OAD＝∠DCB＋∠DBC より，
　　60°＋∠x＝30°＋50°

よって，$\angle x = 20°$

(2) $\angle ACB = 98° \div 2 = 49°$ だから，

$\angle x = 180° - (49° + 56°) = 75°$

(3) A と D を結ぶと，

$\angle BAD = \angle BAC + \angle CAD$

$= \angle BAC + \angle CED$

$= 55° + 33° = 88°$

四角形 ABCD は円に内接

しているから，

$\angle x = 180° - 88° = 92°$

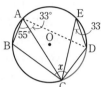

(4) C と D を結ぶと，AC は円の直径だから，

$\angle ADC = 90°$

よって，$\angle CDB = 90° - 40° = 50°$，

$\angle CAB = \angle CDB = 50°$

よって，$\angle x = 180° - (55° + 50°) = 75°$

(5) $\angle ABC = 78° \div 2 = 39°$ だから，

$\angle x = 57° - 39° = 18°$

(6) B と C を結ぶと，

$\angle OCB = (180° - 82°) \div 2$

$= 49°$

だから，$\angle BCD = 49° + 29°$

$= 78°$

四角形 ABCD は円に内接し

ているから，

$\angle x = 180° - 78° = 102°$

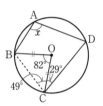

(7) A と D を結ぶと，

$\angle DAC = \angle DBC = 60° - 40° = 20°$

$\angle ADC = 90°$ だから，$\angle x = 90° - 20° = 70°$

(8) 右の図で，$\angle y = 28°$，

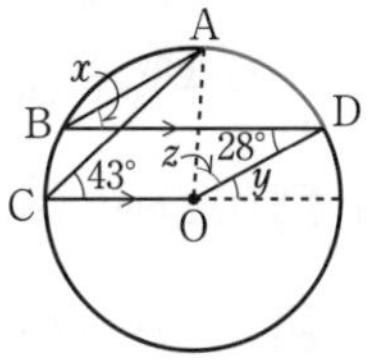

$\angle z + \angle y = 43° \times 2 = 86°$

だから，

$\angle z = 86° - 28° = 58°$

よって，$\angle x = 58° \div 2 = 29°$

(9) AB は円の直径だから，$\angle ACB = 90°$，

$\angle ACE = 90° - 50° = 40°$

$\angle BAC = \angle BEC = 54°$ だから，

$\angle x = 180° - (40° + 54°) = 86°$

2 $\overset{\frown}{AB}$ に対する円周角の大きさを求めればよい。

A と E を結ぶと，$\angle AEC = \angle ADC = 82°$ だから，

$\angle AEB = 82° - 62° = 20°$

よって，$\overset{\frown}{AB} = 円周 \times \dfrac{20}{180}$

$= 6 \times 2 \times \pi \times \dfrac{1}{9} = \dfrac{4}{3}\pi \ (cm)$

ここに注意

$a°$ の円周角に対する弧の長さは，円周 $\times \dfrac{a}{180}$

3 (1) 点 A を含まない $\overset{\frown}{BC}$ の長さは，円周の $\dfrac{2}{2+3} = \dfrac{2}{5}$

にあたるので，その円周角 x の大きさは，

$\angle x = 180° \times \dfrac{2}{5} = 72°$

(2) $\overset{\frown}{BC}$ は円周の $\dfrac{1}{6}$ だから，

中心角 $\angle BOC = 360° \times \dfrac{1}{6} = 60°$

よって，$\angle AOC = 120°$

また，$\overset{\frown}{BD}$ は円周の $\dfrac{1}{12}$ だから，

円周角 $\angle BAD = 180° \times \dfrac{1}{12} = 15°$

よって，$\angle x = 120° + 15° = 135°$

(3) 右の図より，

$\angle AO_1B = 65° \times 2 = 130°$

よって，$\angle x = 180° - 130°$

$= 50°$

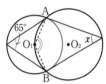

4 $\angle DAC = \angle DBC = 50°$ だから，4 点 A，B，C，D は同一円周上にある。

よって，$\angle BAC = \angle BDC = 55°$ だから，

$\triangle ABC$ で，$\angle x = 180° - (55° + 45° + 50°) = 30°$

5 円周を 8 等分した 1 つの弧に対する円周角の大きさ

は，$180° \times \dfrac{1}{8} = 22.5°$

(1) $\angle HQF = \angle HDF + \angle CFD = 22.5° \times 2 + 22.5°$

$= 67.5°$

(2) $\angle APF = \angle ABF - \angle BFP = 22.5° \times 3 - 22.5°$

$= 45°$

19 円周角の定理の利用

Step 1 解答　　　　　p.110 ～ p.111

1 (1) $\triangle PAD$ と $\triangle PBC$ において，

対頂角は等しいから，

$\angle APD = \angle BPC$ ……①

$\overset{\frown}{CD}$ に対する円周角は等しいから，

$\angle DAP = \angle CBP$ ……②

①，②より，2 組の角がそれぞれ等しいから，

$\triangle PAD \backsim \triangle PBC$

(2) $\dfrac{14}{5}$

2 (1) $\dfrac{25}{4}\pi$　(2) $\sqrt{21}$

3 (1) 8　(2) $\dfrac{40}{3}$

4 (1) $8\sqrt{3}$ cm²　(2) $\left(\dfrac{16}{3}\pi-4\sqrt{3}\right)$ cm²

【解き方】

1 (2) △PAD∽△PBC より，対応する辺の比が等しいので，PA：PB＝PD：PC　2：5＝PD：7
5PD＝14
よって，PD＝$\dfrac{14}{5}$

2 (1) ∠BAD＝90° であることから，BD が円の直径であることがわかる。また，∠BCD も 90° になるから，△BCD で，三平方の定理より，
BD＝$\sqrt{3^2+4^2}=\sqrt{25}=5$
よって，円の面積は，$\dfrac{5}{2}\times\dfrac{5}{2}\times\pi=\dfrac{25}{4}\pi$

(2) △ABD で，三平方の定理より，
AB＝$\sqrt{5^2-2^2}=\sqrt{21}$

3 (1) O と B を結ぶと，∠OBD＝90°
OB＝OE＝x とおくと，△ODB で，三平方の定理より，$x^2+15^2=(x+9)^2$ が成り立つ。
これより，$x^2+225=x^2+18x+81$　$144=18x$
よって，$x=8$

(2) ∠ACD＝90°
円にひいた 2 本の接線の長さは等しいから，
AB＝AC＝y とおくと，△ACD で，三平方の定理より，$y^2+25^2=(y+15)^2$ が成り立つ。
これより，$y^2+625=y^2+30y+225$　$400=30y$
よって，$y=\dfrac{40}{3}$

【別解】
△ODB∽△ADC より，DB：DC＝OB：AC
15：25＝8：AC　15AC＝200　AC＝$\dfrac{40}{3}$

4 (1) AB は円の直径だから，△ABC は直角三角形で，∠CAB＝30° より，BC：AB：AC＝1：2：$\sqrt{3}$
AB＝8 cm だから，BC＝4 cm，AC＝$4\sqrt{3}$ cm
よって，△ABC の面積は，
$4\times4\sqrt{3}\times\dfrac{1}{2}=8\sqrt{3}$ (cm²)

(2) ∠COB＝2∠CAB＝60° だから，∠AOC＝120°
求める面積は，おうぎ形 OAC から △OAC をひいたもので，△OAC の面積は △ABC の面積の $\dfrac{1}{2}$ だから，
$4\times4\times\pi\times\dfrac{120}{360}-8\sqrt{3}\times\dfrac{1}{2}=\dfrac{16}{3}\pi-4\sqrt{3}$ (cm²)

1 (1) △ABH と △ACD において，
$\overparen{AD}$ に対する円周角は等しいから，
∠ABH＝∠ACD ……①
仮定より，∠AHB＝90°
AC は円 O の直径だから，∠ADC＝90°
よって，∠AHB＝∠ADC ……②
①，②より，2 組の角がそれぞれ等しいから，
△ABH∽△ACD

(2) 8 cm

2 (1) 6 cm

(2) △BCD と △AFE において，
$\overparen{CD}$ に対する円周角は等しいから，
∠CBD＝∠FAE ……①
$\overparen{BC}$ に対する円周角は等しいから，
∠CDB＝∠CAB ……②
AB∥FE より，錯角が等しいから，
∠CAB＝∠FEA ……③
②，③より，∠CDB＝∠FEA ……④
①，④より，2 組の角がそれぞれ等しいから，
△BCD∽△AFE

(3) $(12\pi-9\sqrt{3})$ cm²

3 (1) △ABE と △BDC において，
AB は円 O の直径だから，
∠AEB＝∠BCD＝90° ……①
AB＝AD より，∠ABE＝∠BDC ……②
①，②より，2 組の角がそれぞれ等しいから，
△ABE∽△BDC

(2) $\dfrac{56\sqrt{2}}{9}$ cm²

4 (1) 2 cm　(2) 4 cm　(3) $\dfrac{65}{4}\pi$ cm²

5 (1) $\sqrt{21}$　(2) $\sqrt{7}$　(3) $\dfrac{\sqrt{3}}{2}$　(4) $\dfrac{\sqrt{7}}{3}$

【解き方】

1 (2) △ACD は直角三角形だから，三平方の定理より，
AD＝$\sqrt{10^2-6^2}=\sqrt{64}=8$ (cm)

2 (1) 直角三角形 ABC で，三平方の定理より，
BC＝$\sqrt{12^2-(6\sqrt{3})^2}=\sqrt{36}=6$ (cm)

(3) ∠AOB＝2∠ADB＝120°
求める面積は，おうぎ形 OAB から △OAB をひいたもので，△OAB の面積は △ABC の面積の $\dfrac{1}{2}$ だから，

$6 \times 6 \times \pi \times \dfrac{120}{360} - 6 \times 6\sqrt{3} \times \dfrac{1}{2} \times \dfrac{1}{2}$

$= 12\pi - 9\sqrt{3}$ (cm^2)

3 (2) $\triangle ABE \backsim \triangle BDC$ より，AB：BD＝BE：DC

6：4＝2：DC　6DC＝8　DC＝$\dfrac{4}{3}$ (cm)

よって，AC＝$6 - \dfrac{4}{3} = \dfrac{14}{3}$(cm)

$\triangle ABC$ は直角三角形だから，三平方の定理より，

BC＝$\sqrt{6^2 - \left(\dfrac{14}{3}\right)^2} = \sqrt{\dfrac{128}{9}} = \dfrac{8\sqrt{2}}{3}$ (cm)

よって，$\triangle ABC$ の面積は，

$\dfrac{14}{3} \times \dfrac{8\sqrt{2}}{3} \times \dfrac{1}{2} = \dfrac{56\sqrt{2}}{9}$ (cm^2)

4 (1) CE＝(CH＋AH)÷2＝(6＋2)÷2＝4 (cm) だから，

EH＝CH−CE＝6−4＝2 (cm)

(2) $\triangle BCH \backsim \triangle ADH$ より，HB：HA＝HC：HD

3：2＝6：HD　3HD＝12　HD＝4 (cm)

(3) 線分 BD の中点を F と
し，OC，OE，OF を
結ぶと，

BF＝$\dfrac{7}{2}$ cm，BH＝3 cm

だから，

HF＝$\dfrac{7}{2} - 3 = \dfrac{1}{2}$ (cm)

四角形 OFHE は長方形だから，

OE＝HF＝$\dfrac{1}{2}$ cm

$\triangle OEC$ で，三平方の定理より，

$OC^2 = OE^2 + EC^2 = \dfrac{1}{4} + 16 = \dfrac{65}{4}$

よって，円 O の面積は，$OC^2 \times \pi = \dfrac{65}{4}\pi$ (cm^2)

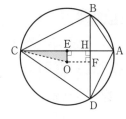

5 (1) A から BC に垂線 AD をひくと，∠ACD＝60°
だから，CD：AC：AD＝1：2：$\sqrt{3}$

AC＝4 だから，CD＝2，AD＝$2\sqrt{3}$

BC＝5 より，BD＝5−2＝3

$\triangle ABD$ で，三平方の定理より，

AB＝$\sqrt{(2\sqrt{3})^2 + 3^2} = \sqrt{21}$

(2) O から AB に垂線 OK をひくと，

∠AOB＝2∠ACB＝120°

OA＝OB だから，∠OAK＝30°

また，K は AB の中点になるから，AK＝$\dfrac{\sqrt{21}}{2}$

AK：OA＝$\sqrt{3}$：2 より，円 O の半径 OA は，

OA＝$\dfrac{\sqrt{21}}{2} \times \dfrac{2}{\sqrt{3}} = \sqrt{7}$

(3) H は BC の中点になるから，BH＝$\dfrac{5}{2}$

$\triangle OBH$ で三平方の定理より，

OH＝$\sqrt{(\sqrt{7})^2 - \left(\dfrac{5}{2}\right)^2} = \sqrt{\dfrac{3}{4}} = \dfrac{\sqrt{3}}{2}$

(4) AD＝$2\sqrt{3}$，OH＝$\dfrac{\sqrt{3}}{2}$ より，AD：OH＝4：1

AD∥OH だから，AE：OE＝4：1

したがって，OA：OE＝3：1 より，

OE＝$\dfrac{1}{3}$OA＝$\dfrac{\sqrt{7}}{3}$

1 (1) 5　(2) 2

2 (1) $\sqrt{13}$　(2) $\dfrac{132\sqrt{3}}{13}$

3 (1) 9　(2) 84　(3) $\dfrac{65}{8}$　(4) $\dfrac{105}{4}$

4 (1) $\dfrac{16}{5}$　(2) $\dfrac{8\sqrt{5}}{25}$ 倍　(3) $\dfrac{128}{25}$

5 (1) $\sqrt{2}$　(2) 75°　(3) $\sqrt{3}$

解き方

1 (1) ∠ABC＝90° だから，AC は円の直径で，
AC＝$\sqrt{6^2 + 8^2} = \sqrt{100} = 10$ であるから，円の半径
は，10÷2＝5

(2) $\triangle ABC$ の内接円の中心を O，
半径を r とすると，

$\triangle ABC = \triangle OAB + \triangle OBC$
$+ \triangle OCA$ より，

$(8r + 6r + 10r) \times \dfrac{1}{2}$

$= 8 \times 6 \times \dfrac{1}{2}$

$12r = 24$　$r = 2$

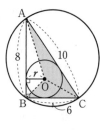

2 (1) A から BC にひいた垂線を AH とすると，
∠ABH＝60° だから，BH：AB：AH＝1：2：$\sqrt{3}$

AB＝4 より，BH＝2，AH＝$2\sqrt{3}$

このとき，HM＝3−2＝1 だから，$\triangle AHM$ で，
三平方の定理より，AM＝$\sqrt{(2\sqrt{3})^2 + 1^2} = \sqrt{13}$

(2) $\triangle ABM \backsim \triangle CDM$ より，AM：CM＝BM：DM

$\sqrt{13}$：3＝3：DM　DM＝$\dfrac{9}{\sqrt{13}} = \dfrac{9\sqrt{13}}{13}$

これより，AM：DM＝$\sqrt{13}$：$\dfrac{9\sqrt{13}}{13}$＝13：9 だか
ら，$\triangle ABC$ と $\triangle DBC$ の面積比も 13：9 になる。

$\triangle ABC$ の面積は $6 \times 2\sqrt{3} \times \dfrac{1}{2} = 6\sqrt{3}$ だから，

四角形 ABDC の面積は，$6\sqrt{3} \times \dfrac{13+9}{13} = \dfrac{132\sqrt{3}}{13}$

3 (1) BH＝x，CH＝14−x とすると，

$\triangle ABH$ で，$AH^2 = 15^2 - x^2$

△ACH で，$AH^2=13^2-(14-x)^2$

よって，$15^2-x^2=13^2-(14-x)^2$ が成り立つ。

これより，$225-x^2=169-196+28x-x^2$

$225=-27+28x$　$252=28x$　$x=9$

(2) $AH^2=15^2-9^2=144$ より，$AH=12$

よって，△ABC の面積は，$14\times12\times\dfrac{1}{2}=84$

(3) △ABD∽△AHC より，AB：AH＝AD：AC

$15：12=AD：13$　$12AD=195$　$AD=\dfrac{65}{4}$

AD は円の直径だから，半径は $\dfrac{65}{4}\div2=\dfrac{65}{8}$

(4) △ABD∽△AHC より，AB：AH＝BD：HC

$15：12=BD：5$　$BD=\dfrac{25}{4}$

また，△ADC∽△ABH より，

AC：AH＝DC：BH

$13：12=DC：9$　$DC=\dfrac{39}{4}$

これらを用いて，

$△BDC=△ABD+△ACD-△ABC$

$=15\times\dfrac{25}{4}\times\dfrac{1}{2}+13\times\dfrac{39}{4}\times\dfrac{1}{2}-84=\dfrac{105}{4}$

4 (1) D と E を結ぶと，AD は円の直径だから，

∠AED＝90°

よって，△AED∽△ADB だから，

$AB=\sqrt{3^2+4^2}=\sqrt{25}=5$ より，

AE：AD＝AD：AB　AE：4＝4：5

$5AE=16$　$AE=\dfrac{16}{5}$

(2) 等しい角に印をつけていくと，右の図のように，

△AEF∽△ACB であることがわかる。

よって，EF：CB は

AE：AC と等しく，

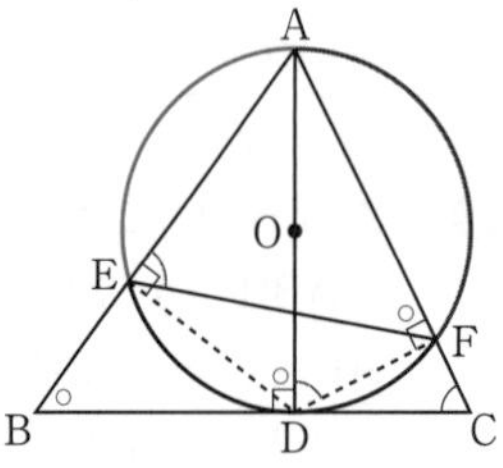

$AC=\sqrt{2^2+4^2}=\sqrt{20}=2\sqrt{5}$ であるから，

$EF：CB=\dfrac{16}{5}：2\sqrt{5}=8：5\sqrt{5}$

$8BC=5\sqrt{5}\,EF$

したがって，EF は BC の $\dfrac{8}{5\sqrt{5}}=\dfrac{8\sqrt{5}}{25}$（倍）

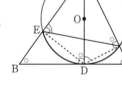

(3) △AEF と△ACB の面積比は，$8^2：(5\sqrt{5})^2$

$=64：125$ で，△ACB の面積は $5\times4\times\dfrac{1}{2}=10$

であるから，

△AEF の面積は，$10\times\dfrac{64}{125}=\dfrac{128}{25}$

5 (1)(2) OD，OE，CD を結ぶと，右の図のように角度が決まるので，

∠DOE

$=180°-(60°+30°)$

$=90°$

よって，△DOE は直角二等辺三角形で，OD＝OE＝1 だから，

$DE=\sqrt{2}$

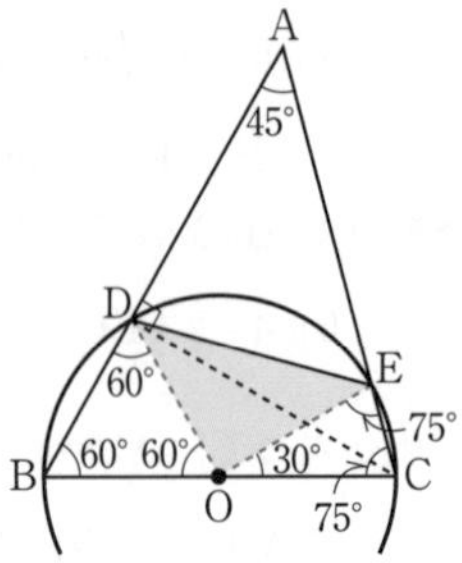

また，∠ADE＝∠ACB＝75°

(3) ∠DCB＝30° より，∠DCA＝45° となり，△ADC も直角二等辺三角形になるから，

$AD=CD=\sqrt{3}\,BD=1\times\sqrt{3}=\sqrt{3}$

第**8**章　標本調査

20　標本調査

Step 1　解答　　　　p.116 ～ p.117

1 (1) 全数調査　(2) 標本調査　(3) 標本調査

　　(4) 全数調査

2 ウ

3 およそ 120 個

4 (1) 71 %　(2) 705 粒以上

5 44.3 kg

6 64 点

《解き方》

1 (1) 国勢調査は，ある時点における人口及び，その性別や年齢，配偶の関係，就業の状態や世帯の構成といった「人口及び世帯」に関する各種属性のデータを調べるもので，全国民に対して行わないと意味がない。

(2) 商品の品質などに関する調査では，全商品に対して行うことは時間の面でも費用の面でも不可能であるから，その一部を無作為に抽出して行う。

(3) テレビの視聴率調査についても，全家庭に対して行うことは不可能である。

(4) 健康診断は個人個人の健康状態を調べるものであるから，当然，全員に対して行うものである。

2 標本調査をするときは，全体から無作為に抽出して調べることが望ましい。したがって，**ア**の「ある駅」や**イ**の「ある1組」から抽出したのではかたよりが

あるのでよくない。

3 青玉の割合は $\dfrac{12}{50}$ と推定できるので，500 個の中の

青玉はおよそ $500 \times \dfrac{12}{50} = 120$（個）と考えられる。

4(1) 全部で 100 粒まいた種のうち，発芽したのは，

13＋15＋12＋17＋14＝71（粒）だから，発芽率は，

71÷100×100＝71（％）

(2) まいた種の 71％が 500 本以上になればよいから，

まいた種を x 粒とすると，$x \times 0.71 = 500$ より，

$x = 500 \div 0.71 = 704.2\cdots$

よって，705 粒以上まけばよい。

5（平均）×（度数）を計算してたしていくと，

43.0×1＋43.5×3＋44.0×5＋44.5×7＋45.0×3＋45.5

×1＝885.5（kg）だから，20 個の標本の平均は，

885.5÷20＝44.275 より，44.3 kg

別解

44.0 kg を基準として，それとの差の平均をとると，

{(−1)×1＋(−0.5)×3＋0×5＋0.5×7＋1×3＋1.5

×1}÷20＝5.5÷20＝0.275

よって，平均は，44＋0.275＝44.275 より，44.3 kg

6 (63＋72＋68＋65＋67＋62＋59＋64＋65＋57)÷10

＝642÷10＝64.2 より，64 点

高校入試 総仕上げテスト

解答　p.118 〜 p.120

❶(1) $(x-2a)(x-2a-2)$　(2) $a=7$, $b=9$

(3) 4　(4) $x = \dfrac{-3 \pm \sqrt{5}}{2}$

❷(1) $y = 2x+3$　(2) 6　(3) $C\left(-\dfrac{2}{3}, \dfrac{4}{9}\right)$

❸(1) 2 割

(2) ハンバーガー…75 個，ポテト…60 個，

セット…70 個

(3) 10 円

❹(1) $\dfrac{24}{5}$　(2) $\dfrac{6}{5}$　(3) 4：25

❺(1) $\dfrac{1}{9}$　(2) $\dfrac{1}{12}$　(3) $\dfrac{25}{36}$

❻(1) $18\sqrt{2}$　(2) 4　(3) $2\sqrt{3}$　(4) $\sqrt{3}$

解き方

❶(1) $x^2 - 4ax + 4a^2 - 2x + 4a$

$= (x-2a)^2 - 2(x-2a)$

$= (x-2a)\{(x-2a)-2\} = (x-2a)(x-2a-2)$

(2) $x=b$，$y=-5$ をそれぞれ方程式に代入して，

$2b-15=3$ ……①，$4b-5a=1$ ……②

①より，$b=9$

これを②に代入して，$36-5a=1$　$a=7$

(3) $x+y = \dfrac{\sqrt{5}+\sqrt{3}+\sqrt{5}-\sqrt{3}}{2} = \dfrac{2\sqrt{5}}{2} = \sqrt{5}$，

$xy = \dfrac{(\sqrt{5}+\sqrt{3})(\sqrt{5}-\sqrt{3})}{4} = \dfrac{5-3}{4} = \dfrac{1}{2}$ より，

$x^2 + y^2 = (x+y)^2 - 2xy = 5 - 1 = 4$

(4) $(x+2)(x-2) + 3x + 5 = 0$

$x^2 - 4 + 3x + 5 = 0$　$x^2 + 3x + 1 = 0$

解の公式より，

$x = \dfrac{-3 \pm \sqrt{3^2 - 4 \times 1 \times 1}}{2} = \dfrac{-3 \pm \sqrt{5}}{2}$

❷(1) A(2, 4) だから，直線 OA の傾きは 2

よって，直線 CD は C を通って傾きが 2 の直線で，

これを $y = 2x + n$ とおくと，C(−1, 1) を通る

ことから，$1 = -2 + n$　$n = 3$

よって，直線 CD の式は，$y = 2x + 3$

(2) 点 B の y 座標が 6 のとき，

直線 CD の式は

$y = 2x + 6$ となり，直線

CD と x 軸が交わる点を

E とすれば，

$0 = 2x + 6$ より，E の x

座標は −3 になる。

このとき，

$\triangle OAC = \triangle OAE = 3 \times 4 \times \dfrac{1}{2} = 6$

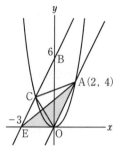

(3) c を正の数とし，C の x 座標を $-c$ とする。

$\triangle OBD$ の面積が $\triangle OBC$ の面積の 4 倍になるの

は，D の x 座標が $4c$ になるときであるから，そ

れぞれの座標は，C($-c$, c^2)，D($4c$, $16c^2$) となる。

この 2 点を通る直線の傾きは，

$\dfrac{16c^2 - c^2}{4c - (-c)} = \dfrac{15c^2}{5c} = 3c$

これが 2 だから，$3c = 2$ より，$c = \dfrac{2}{3}$

よって，C の座標は $\left(-\dfrac{2}{3}, \dfrac{4}{9}\right)$

別解

2 点 C，D を通る直線の傾きは，$1 \times (-c + 4c) = 3c$

これが 2 だから，$3c = 2$ より，$c = \dfrac{2}{3}$

❸(1) 単品で 1 個ずつ買うと 240＋160＝400（円）

これが 320 円になるのだから，80 円安くなって

いる。

よって，80÷400＝0.2 より，2 割

(2) x セット売れたとすると，ハンバーガーの単品

が $(145-x)$ 個，ポテトの単品が $(130-x)$ 個売れ
たことになるので，売り上げについて，
$240(145-x)+160(130-x)+320x=50000$
が成り立つ。
両辺を 80 でわって，
$3(145-x)+2(130-x)+4x=625$
$-x+695=625$ $x=70$
これより，ハンバーガーの単品は
$145-70=75$ (個)，
ポテトの単品は $130-70=60$ (個)，
セットは 70 個売れたことがわかる。

(3) y セット売れたとすると，ハンバーガーの単品
は $(145-y)$ 個，ポテトの単品は $(130-y)$ 個売れ
たことになり，その比が 7：6 であるから，
$(145-y):(130-y)=7:6$ より，
$910-7y=870-6y$ $y=40$
よって，ハンバーガーの単品，ポテトの単品，
セットの販売個数は順に，105 個，90 個，40 個
だから，a 円値引きしたとすれば，
$105(240-a)+90(160-a)+40\times320=50450$
これを解いて，$a=10$

❹(1) △ABC と △CBE について，∠BAC＝∠BCE，
∠ABC＝∠CBE より 2 組の角がそれぞれ等し
いので，相似である。
よって，AC：CE＝AB：CB より，6：CE＝5：4，
$5CE=24$ $CE=\dfrac{24}{5}$

(2) △ADC∽△CDB であることに着目すると，
AC：CB＝6：4＝3：2 であるから，
AD：CD＝DC：DB＝3：2
$AD=3k$，$CD=2k$ とおくと，$DB=\dfrac{4}{3}k$ より，
$AB=AD-DB=3k-\dfrac{4}{3}k=\dfrac{5}{3}k$
これが 5 であるから，$\dfrac{5}{3}k=5$ より，$k=3$
よって，$AD=9$，$CD=6$，$DB=4$ とわかるので，
$DE=CD-CE=6-\dfrac{24}{5}=\dfrac{6}{5}$

(3) $DE:EC=\dfrac{6}{5}:\dfrac{24}{5}=1:4$ だから，△BDE の面積
を S とすると，△BDC＝$5S$
さらに，BD：AB＝4：5 だから，
$△ABC=△BDC\times\dfrac{5}{4}=\dfrac{25}{4}S$
これより，△BDE と △ABC の面積比は，
$S:\dfrac{25}{4}S=4:25$

❺ すべての場合の数は，$6\times6=36$（通り）

(1) $OP\times OQ\times\dfrac{1}{2}=6$ より，$OP\times OQ=12$，すなわち，
$pq=12$ となればよい。そのような目の出方は，
$(p, q)=(2, 6)$，$(3, 4)$，$(4, 3)$，$(6, 2)$ の 4 通
りあるので，求める確率は，$\dfrac{4}{36}=\dfrac{1}{9}$

(2) 直線 PQ の式は $y=-\dfrac{q}{p}x+q$ であるから，これ
が B(2, 2) を通るとき，$2=-\dfrac{2q}{p}+q$ より，
$2p+2q=pq$ $pq-2p-2q=0$
$pq-2p$ $2q+4=4$ $(p-2)(q-2)=4$
これを満たすのは，$(p, q)=(6, 3)$，$(3, 6)$，$(4, 4)$
の 3 通りだから，求める確率は，$\dfrac{3}{36}=\dfrac{1}{12}$

(3) q の値が 1～6 のそれぞれについて調べる。
$q=1$ のとき，p は 1～6 の 6 通り
$q=2$ のとき，p は 1～6 の 6 通り
$q=3$ のとき，p は 1～5 の 5 通り
$q=4$ のとき，p は 1～3 の 3 通り
$q=5$ のとき，p は 1～3 の 3 通り
$q=6$ のとき，p は 1，2 の 2 通り
合計 $6+6+5+3+3+2=25$（通り）あるので，
求める確率は，$\dfrac{25}{36}$

❻(1) BC の中点を M とする
と，
$AM=DM=\dfrac{\sqrt{3}}{2}\times6$
$=3\sqrt{3}$
A から △BCD に垂線
をひいて，△BCD との
交点を H とすると，H
は MD 上の点になる。
ここで，
△AMD で，MH＝x と
すると，△AMH で，
$AH^2=(3\sqrt{3})^2-x^2$
△ADH で，$AH^2=6^2-(3\sqrt{3}-x)^2$
よって，$(3\sqrt{3})^2-x^2=6^2-(3\sqrt{3}-x)^2$
$27-x^2=36-27+6\sqrt{3}x-x^2$
$18=6\sqrt{3}x$ $x=\sqrt{3}$
$AH=\sqrt{(3\sqrt{3})^2-(\sqrt{3})^2}=\sqrt{24}=2\sqrt{6}$
よって，$△BCD=\dfrac{\sqrt{3}}{4}\times6^2=9\sqrt{3}$ だから，
正四面体 ABCD の体積は，$9\sqrt{3}\times2\sqrt{6}\times\dfrac{1}{3}=18\sqrt{2}$

(2) △ABC と △ADC
の面を展開した図
で, 線分 AC に関
して Q と線対称な
点を Q′ とすると,
AC と PQ′ の交点
が R である。

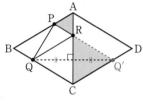

CQ′＝CQ＝4 だから,

AR：RC＝AP：CQ′＝2：4＝1：2

よって, RC＝4

(3) △ABC の面積は, $\dfrac{\sqrt{3}}{4}\times6^2=9\sqrt{3}$ だから,

△BCR の面積は, $9\sqrt{3}\times\dfrac{2}{3}=6\sqrt{3}$

△BQR の面積は, $6\sqrt{3}\times\dfrac{1}{3}=2\sqrt{3}$

(4) 四面体 DPQR の体積は, △PQR を底面とすると,
高さは正四面体の高さに等しいから, 正四面体
との体積比は, $2\sqrt{3}：9\sqrt{3}=2：9$

よって, 四面体 DPQR の体積は,

$18\sqrt{2}\times\dfrac{2}{9}=4\sqrt{2}$

(1)より, MQ＝1, DM＝$3\sqrt{3}$ となるので,

DQ＝$\sqrt{1^2+(3\sqrt{3})^2}=\sqrt{28}=2\sqrt{7}$

同様に, DR＝DQ＝$2\sqrt{7}$

△DQR において, D から
QR に垂線 DK をひくと,

DK＝$\sqrt{(2\sqrt{7})^2-2^2}$
　＝$2\sqrt{6}$ となり,

△DQR の面積は,

$4\times2\sqrt{6}\times\dfrac{1}{2}=4\sqrt{6}$

よって, PH の長さを h とすると,

$4\sqrt{6}\times h\times\dfrac{1}{3}=4\sqrt{2}$ より, $h=\sqrt{3}$